深度学习及其在
海洋目标检测中的应用

柳林　曹发伟　刘全海　李万武　著

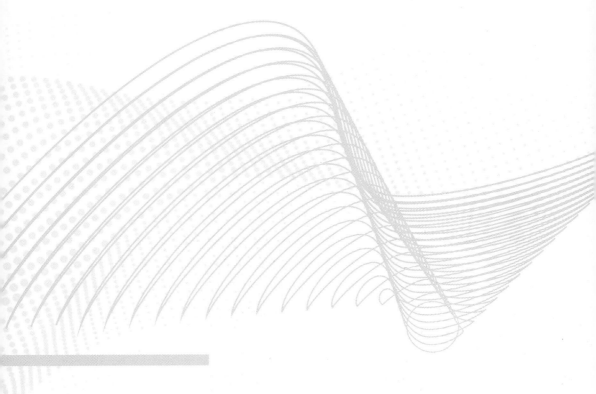

WUHAN UNIVERSITY PRESS

武汉大学出版社

图书在版编目(CIP)数据

深度学习及其在海洋目标检测中的应用/柳林等著.—武汉:武汉大学出版社,2022.2

ISBN 978-7-307-22863-4

Ⅰ.深…　Ⅱ.柳…　Ⅲ.人口智能—应用—海洋监测　Ⅳ.P715-39

中国版本图书馆 CIP 数据核字(2022)第 018632 号

责任编辑:鲍　玲　　　责任校对:汪欣怡　　　版式设计:韩闻锦

出版发行:**武汉大学出版社**　　(430072　武昌　珞珈山)

（电子邮箱:cbs22@ whu.edu.cn 网址:www.wdp.com.cn）

印刷:武汉科源印刷设计有限公司

开本:720×1000　1/16　印张:15　字数:269 千字　　插页:1

版次:2022 年 2 月第 1 版　　2022 年 2 月第 1 次印刷

ISBN 978-7-307-22863-4　　定价:49.00 元

前　　言

人工智能时代已经来临，以 AlphaGo 为代表的人工智能成果蓬勃发展，正冲击着人类的认知和思维方式。机器学习是人工智能的一个重要分支，专门研究计算机怎样模拟或实现人类的学习行为，以获取新的知识或技能。神经网络是一种模仿动物神经网络行为特征，进行分布式并行信息处理的算法模型，其依靠系统的复杂程度，通过调整内部大量节点之间相互连接的关系，从而达到处理信息的目的。神经网络也是人工智能的重要分支，机器学习主要基于神经网络开展。海洋目标检测对于海洋资源开发、海洋环境保护、海洋军事监测等具有重要意义，随着人工智能和深度学习技术的进一步发展，必将带来新的研究契机。深度学习神经网络的发展经历了浅层神经网络、卷积神经网络、图卷积神经网络的三代进化。此专著基于作者多年来在人工智能、深度学习、海洋目标检测等领域的研究成果，将深度学习引入海洋目标检测，构建了海洋硬目标和分布目标检测的深度学习模型，并设计多核并行架构进行深度学习（Deep Learning，DL）模型训练和海洋目标检测实验。内容前沿、方法科学、逻辑严谨，对于人工智能、深度学习、智慧海洋、海洋监测、目标检测等相关专业科研工作者、教师、学生、行业从业人员，无疑可以起到很好的参考与引导作用。

全书共分 6 章。第 1 章　深度学习理论基础，阐述了人工智能、机器学习、深度学习理论、技术和方法以及三者之间的关系。第 2 章　人工神经网络模型，总结介绍了神经网络的架构、类型、工作原理和优化训练方法。第 3 章　卷积神经网络，分析论述了深度学习的典型算法——卷积神经网络的构成、机理、发展和应用，探讨了深度学习的前沿模型——图卷积神经网络和图注意力网络的机制、优势和实现方法。第 4 章　海洋硬目标检测 DL 模型构建，将深度学习引入海洋目标检测领域，基于 CNN 构建了针对硬目标检测的深度学习模型——OceanTDAx 系列模型，并对模型进行训练、优化和评估，在此基础上采用所构建的模型进行海洋目标检测实验。第 5 章　海洋分布目标检测 DL 模型构建，构建了针对海洋分布目标检测的深度学习模型——OceanTDLx 系列模型，并对模型进行训练、优化和目标检测实验。第

1

6 章　基于多核并行架构的海洋目标检测，设计了 OISPMDA-FDB 多核并行架构，实现基于 CNN 初检的 CFAR 海洋目标提取、卡方分布临界值海洋目标提取、基于 Loglogistic 的海洋目标提取、基于伴方差修正模型的复杂海况的海洋目标提取，共执行了 4 类 30 个海洋目标参数并行提取实验。

　　本书的撰写得到山东省自然科学基金（ZR 2019MD034）、山东省教改项目（M2020266）、山东省研究生导师指导能力提升项目（SDYY17034）的资助，特此鸣谢！感谢欧空局和中国科学院遥感与数字地球研究所提供的影像数据和技术文档，感谢参考文献和网络资源的支持！

　　本书由山东科技大学的柳林博士和李万武博士负责总体设计、撰写和定稿，山东省地质测绘院的曹发伟高工，常州市测绘院的刘全海高工为本书部分章节提供技术支持、实验设备和数据，并参与撰写 5 万字。硕士生隋巧丽、崔玉梦、孙毅、李航、刘帅、裴冬梅等为本书的资料整理和排版提供支持，一并致谢。

　　尽管本书在撰写的过程中，经过大量实验、反复斟酌、数易其稿，但由于技术更新速度及作者水平所限，书中难免有错误和不妥之处，敬请批评指正。批评和建议请致信 liulin2009@126.com。也欢迎高校师生、科研人员致信，共同探讨海洋目标检测相关问题。

柳　林

2021 年 1 月 28 日于青岛

目　　录

第1章　深度学习理论基础

1.1　人 工 智 能

人工智能时代已经来临，以 AlphaGo 为代表的人工智能技术蓬勃发展，正冲击着人类的认知和思维方式。人工智能（Artificial Intelligence，AI）是研究、开发用于模拟、延伸和扩展人的智能的理论、方法和技术，是研究计算机系统如何能够履行那些只有依靠人类智慧才能完成的任务，使之具有人类的智慧和思维方式。概括起来，人工智能就是要实现所有目前还无法不借助人类智慧才能实现的任务的集合，包括视觉感知、语音识别、不确定条件下的决策、学习、语言翻译等。人工智能是研究知识的一门科学，即如何表示知识，如何获取知识和如何利用知识的科学。普通软件是通过查找或计算获得问题的解，本质是数值计算，而人工智能是像人类一样通过推理获得问题的解，通过学习优化问题的解，本质上是符号处理和模拟人类的智能处理。

机器学习（Marchine Learning，ML）是人工智能的一个重要分支，专门研究计算机怎样模拟或实现人类的学习行为，以获取新的知识或技能，重新组织已有的知识结构使之不断改善自身的性能。机器学习涉及概率论、统计学、算法复杂度理论等，从特定意义讲它是人工智能的核心，是使计算机具有智能的根本途径。神经网络，指人工神经网络（Artificial Neural Networks，ANNs），是一种模仿动物神经网络行为特征，进行分布式并行信息处理的算法模型，其依靠系统的复杂程度，通过调整内部大量节点之间相互连接的关系，从而达到处理信息的目的。神经网络也是人工智能的重要分支，机器学习主要基于神经网络开展，模拟人类大脑的神经网络，使计算机具有不用显式编程就能获得的学习能力。具有多个隐藏层的神经网络被称为深度神经网络，基于深度神经网络的学习称为深度学习。人工智能、机器学习、神经网络结合深度学习之间的关系如图 1.1 所示。

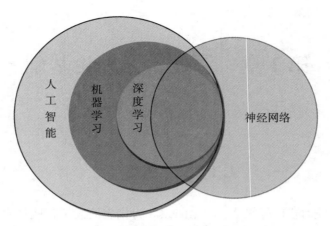

图 1.1　人工智能等相关概念的关系

1.1.1　人工智能的研究内容

人工智能的研究内容概括起来包括以下四个方面：

①机器感知，所谓的机器感知就是使机器具有类似于人的感知能力，其中以机器视觉与机器听觉为主。

②机器思维，机器思维是指对通过感知得到的外部信息及机器内部的各种工作信息进行有目标的处理。

③机器学习，研究使机器具有获取新知识、学习新技巧，并在实践中不断完善、改进的能力。

④机器行为，与人的行为相对应，机器行为主要是指计算机的表达能力，即"说""写""画"等。

人工智能所涉及的研究内容和领域具体包括：模式识别（Pattern Recognition）、自然语言理解（Natural Language Understanding）、专家系统（Expert System）、机器学习（Machine Learning）、自动定理证明（Automatic Theorem Proving）、自动程序设计（Automatic Programming）、机器人学（Robots）、博弈（Game）、智能决策支持系统（Intelligent Decision Support System）、人工神经网络（Artificial Natural Networks）等。

人工智能研究可以通过如下途径进行：

①符号主义，符号主义认为人类认知的基本元素是符号，认知的过程就是符号处理的过程。此即为一阶谓词逻辑。

②连接主义，连接主义认为人类认知的基本元素是神经元本身，人类的

认知过程就是大量神经元的整体活动。此即为阈值理论，所采用的研究方法为人工神经网络。

③行为主义，由美国麻省理工学院的 R. A. Brook 教授提出的，该理论认为人的本质能力是在动态环境中的行走能力、对外界事物的感知能力、维持生命和繁衍生息的能力，正是这些能力对智能的发展提供了基础，因此智能是某种复杂系统所浮现的性质。此即为进化理论。

1.1.2 人工智能的数学基础

人工智能的数学基础包括：命题逻辑和谓词逻辑；概率论，包括条件概率、全概率、贝叶斯法则、联合概率等；模糊理论等。具体包括以下几个方面。

（1）线性代数

线性代数的本质在于将具体事物抽象为数学对象，并描述其静态和动态的特性。向量的实质是 n 维线性空间中的静止点，线性变换描述了向量或者作为参考系的坐标系的变化，可以用矩阵表示，矩阵的特征值和特征向量描述了变化的速度与方向。

（2）概率论

除了线性代数之外，概率论也是人工智能研究中必备的数学基础，随着连接主义学派的兴起，概率统计已经取代了数理逻辑，成为人工智能研究的主流工具。概率论也代表了一种看待世界的方式，其关注的焦点是无处不在的可能性。频率学派认为先验分布是固定的，模型参数要靠最大似然估计计算；贝叶斯学派认为先验分布是随机的，模型参数要靠后验概率最大化计算。

（3）数理统计

基础数理统计理论有助于对机器学习的算法和数据挖掘的结果做出解释，只有做出合理的解读，数据的价值才能够体现。数理统计根据观察或实验得到的数据来研究随机现象，并对研究对象的客观规律做出合理的估计和判断。虽然数理统计以概率论为基础，但两者之间存在方法上的本质区别。概率论作用的前提是随机变量的分布已知，根据已知的分布来分析随机变量的特征与规律；数理统计的研究对象则是未知分布的随机变量，研究方法是对随机变量进行独立重复的实验观测，根据结果对原始分布做出推断。数理统计的任务是以样本作为随机变量，根据可观察的样本反过来推断总体的性质。推断的方法包括参数估计和假设检验：参数估计通过随机抽取的样本来估计总体分布的未知参数，包括点估计和区间估计；假设检验通过随机抽取的样本来接受或拒绝关于总体的某个判断，常用于估计机器学习模型的泛化错误率。

（4）最优化理论

本质上讲，人工智能的目标就是最优化，即在复杂环境与多体交互中做出最优决策。最优化理论研究的问题是判定给定目标函数的极值是否存在，并找到令目标函数取到极值的数值。通常情况下，最优化问题是在无约束情况下求解给定目标函数的最小值；在线性搜索中，确定寻找最小值时的搜索方向需要使用目标函数的一阶导数和二阶导数。置信域算法的思想是先确定搜索步长，再确定搜索方向；以神经网络为代表的启发式算法是另一种重要的优化方法。

（5）形式逻辑

形式逻辑是用来实现抽象推理的。在 1956 年召开的达特茅斯会议宣告人工智能诞生之前，约翰·麦卡锡、赫伯特·西蒙、马文·闵斯基等试图让"具备抽象思考能力的程序解释合成的物质如何能够拥有人类的心智"。通俗地说，理想的人工智能应该具有抽象意义上的学习、推理与归纳能力，其通用性将远远强于解决国际象棋或围棋等具体问题的算法。如果将认知过程定义为对符号的逻辑运算，人工智能的基础就是形式逻辑，谓词逻辑是知识表示的主要方法，基于谓词逻辑系统可以实现具有自动推理能力的人工智能。

（6）信息论

信息论用来定量度量不确定性。近年来的科学研究不断证实，不确定性就是客观世界的本质属性。不确定性的世界只能使用概率模型来描述，这促成了信息论的诞生。信息论使用"信息熵"的概念，对单个信源的信息量和通信中传递信息的数量与效率等问题做出了解释，并在世界的不确定性和信息的可测量性之间搭建起一座桥梁。总之，信息论处理的是客观世界中的不确定性，条件熵和信息增益是分类问题中的重要参数，KL 散度（Kullback-Leibler Divergence）也称相对熵用于描述两个不同概率分布之间的差异，最大熵原理是分类问题汇总的常用准则。

1.1.3　人工智能的发展阶段

人工智能的研究大致分为五个阶段：

①符号逻辑推理，适合高层推理，但面对海量数据需要底层的统计学习方法。

②知识工程和专家系统。

③人工神经网络，以 BP（Back Propagation）网络的成功应用为标志，不足之处在于机器学习的关键问题之一——"模型的推广性"，没有理论克服"过学习"、"欠学习"。

④基于统计学习理论的方法，需要建立在坚实的数学基础之上。

⑤基于大数据的人工智能，将人工智能和大数据相结合。

其他研究还包括智能 Agent、遗传算法和进化计算、软计算与粒度计算、数据挖掘等。智能 Agent 将人工智能领域目前分离的子领域重新组织为一个有机整体，代表形式包括足球机器人、网络爬虫（Web Spider）等。软计算与粒度计算的代表成果包括模糊集（Fuzzy Sets）、粗集（Rough Sets）、粒度计算（Granular Computing）等，优点是可以表达、处理模糊或含糊的知识，但还不算最主流的人工智能研究方向。

量子机器学习（Quantum Machine Learning）将成为人工智能的研究前沿。量子机器学习是一个结合量子计算和机器学习的跨学科领域。两者间像一种共生关系，可以利用量子计算产生机器学习算法的量子版，也可以使用经典机器学习算法来分析量子系统。知识图谱的量子计算将是一个很有前景的研究方向，其关键在于如何将知识图谱映射到量子态。目前科学家们提出的研究思路是结合经典计算机和量子计算机各自的优势，用量子计算机归纳推理，用经典计算机更新参数。总之，量子计算将为人工智能带来重大变革。

1.2　机 器 学 习

1.2.1　机器学习概述

机器学习（Machine Learning，ML）是人工智能的一个重要分支。Tom M. Mitchell 认为机器学习是计算机利用经验改善系统自身性能的行为。机器学习是使系统做一些适应性的变化，使得系统在下一次完成类似的任务时比前一次更有效。假设 W 是给定世界的有限或无限的所有观测对象的集合，由于观察能力的限制，只能获得这个世界的一个有限的子集 Q，称为样本集。机器学习就是根据这个样本集，推算这个世界的模型，使它对这个世界以一定程度逼近真。机器学习是使机器可以像人类那样学习显式代码之上的模式，是给计算机一种不用显式编程就能获得能力的研究领域。机器学习是"神经科学（含认知科学）+数学+计算"的有机结合。

机器学习基于特定算法从数据中获得学习能力，而无需依靠基于规则的编程。随着数字化的进步和计算能力日趋提高，数据科学家逐渐停止建造模型，转而训练计算机来进行这一工作，因此机器学习在 20 世纪 90 年代晚期作为一门学科出现在大众的视野中。目前全世界瞩目的大数据因其难以管理的巨大数量和复杂性增加了使用机器学习的潜能以及对机器学习的需求。

机器学习包括 3 个分支，分别为神经网络（Neural Network，NN）、决策树和支持向量机。神经网络，如 BP 网络、卷积神经网络等。决策树包括 ID4（Iterative Dichotomiser 4）、回归树、分类及回归树（Classification And Regression Tree，CART）等算法。直到现在，决策树仍然是 ML 界中的热点，随机森林（Random Forest，RF）是可以将多个决策树组合起来的模型，2001 年由 Breiman 提出。机器学习的研究目标包括通用学习算法，主要是理论分析和开发用于非实用的学习任务算法；认知模型，研究学习的计算理论和实验模型；工程目标，解决专门的实际问题，并开发完成这些任务的工程系统。

机器学习涉及的主要学科包括人工智能、模式识别、概率统计、神经生物学、认知科学、信息论、控制论、计算复杂性理论、哲学等。机器学习的主要应用领域包括数据挖掘、语音识别、图像识别、机器人、车辆自动驾驶、生物信息学、信息安全、遥感信息处理、计算金融学、工业过程控制等。

1.2.2　机器学习分类

1. 监督式学习

监督式学习首先要建立一个预测模型，将预测结果与训练数据的实际结果进行比较，不断地调整预测模型，直到模型的预测结果达到一个预期的准确率。在监督式学习中，输入数据被称为训练数据，每组训练数据有一个明确的标识或结果，机器学习算法可以看作是将特定输入转换成期望输出的过程。机器学习需要学会如何将所有可能输入转换成正确/期望输出，所以每个训练样本都有特定的输入和期望输出。在人工国际象棋手的案例中，输入可以是特定的棋盘状态，输出则是在这一状态下最好的下棋方式。根据输出的不同，又可以把监督式学习分为两小类：①分类，当输出值属于离散和有限集合，就是一个分类问题；②回归，当输出是连续的数值，例如概率，就是一个回归问题。监督式学习是机器学习算法中最受欢迎的一类。使用这种方法的缺陷是，对于每一个训练样例，都需要提供与之对应的正确输出，在大多情况下，这会耗费大量人力、物力、财力。例如，在情感分析案例中，如果要对 10000 条训练样例中的每一条都标记上正确的情感——积极、消极或者中立，这需要阅读并标记每一条推文，这是一项非常耗时的工作。所以，收集正确标记的训练数据是机器学习中最常见的瓶颈。

2. 非监督学习

非监督学习，训练数据只需要输入到算法中即可，不需要有与之对应的期望输出。典型的应用就是发现训练样例之间隐藏的结构或者关系，例如，有一条新闻，通过聚类算法找到相似实例或者一组实例集群，即推荐一条/一组相似的新闻。在非监督学习中，数据并不被特别标识，学习模型是为了推断出数据的一些内在结构。常见的应用包括关联规则学习、聚类等，关联规则挖掘常见的算法有 Apriori 算法等，聚类常用的算法包括 K-means 算法等。

3. 半监督学习

半监督学习（Semi-supervised Learning），即输入数据部分被标识，部分没有被标识，适合海量数据的自动标记。半监督学习模型可以用来进行预测，但是模型首先需要学习数据的内在结构以便合理地组织数据来进行预测。应用案例包括分类和回归，算法包括一些对常用监督式学习算法的延伸，这些算法首先试图对未标识数据进行建模，在此基础上再对标识的数据进行预测，如图论推理算法（Graph Inference）或者拉普拉斯支持向量机（Laplacian SVM）等。

4. 增强学习

增强学习（Reinforcement Learning）是 Act + Learning，即边干边学，其输入数据可以刺激模型并且使模型做出反应。反馈不仅从监督学习的学习过程中得到，还从环境中的奖励或惩罚中得到。增强学习模式下，输入数据作为对模型的反馈，不像监督学习模式下输入数据仅仅作为检查模型对错的方式，输入数据直接反馈到模型，模型必须对此立刻作出调整。应用案例包括机器人控制、动态系统及其他控制系统，算法包括 Q-learning、时间差学习（Temporal Difference Learning）等。

在企业数据应用的场景下，最常用的是监督式学习和非监督学习模型。在图像识别等领域，由于存在大量的非标识的数据和少量的可标识数据，目前半监督学习是一个很热的话题。而增强学习更多地应用于机器人控制及其他需要进行系统控制的领域。其他机器学习模型还包括集成学习（Ensemble Learning）、流形学习（Manifold Learning）、多实例学习（Multi-instance Learning）、Ranking 学习（Ranking for Learning）、关系学习（Relational Learning）、数据流学习（Data Stream Learning）等。

1.2.3 机器学习算法

常用的机器学习算法包括以下几种。

1. 聚类算法

聚类通常按照中心点或者分层的方式对输入数据进行归并。所有的聚类算法都试图找到数据的内在结构，以便按照最大的共同点将数据进行归类。常见的聚类算法包括 K-means 算法、期望最大化算法（Expectation Maximization，EM）。K-means 算法的优点为算法简单、容易实现，复杂度大约是 O(nkt)，对处理大数据集是高效率的；算法尝试着找出使平方误差函数值最小的 k 个划分，当簇是密集的、球状或团状的，且簇与簇之间区别明显时，聚类效果较好。其缺点为对数据类型要求较高，适合数值型数据；可能收敛到局部最小值，在大规模数据上收敛较慢，k 值比较难以选取；对初值敏感，不同的初始值会导致不同的聚类结果；不适合于发现非凸面形状的簇，或者大小差别很大的簇；对于噪声和孤立点敏感，少量的该类数据能够对平均值产生极大影响。

2. 回归算法

回归算法（Regression）是试图采用对误差的衡量来探索变量之间的关系的一类算法，是统计机器学习的利器。回归分析关心的是变量之间的关系，应用的是统计方法，包括：线性回归、逻辑回归（Logistic Regression）、最小二乘法（Ordinary Least Squares）、逐步式回归（Stepwise Regression）、多元自适应回归样条（Multivariate Adaptive Regression Splines）以及本地散点平滑估计（Locally Estimated Scatterplot Smoothing）等。因篇幅有限，下面简要介绍线性回归和逻辑回归。

（1）线性回归

在统计学和机器学习领域，线性回归是最经典也是最易理解的算法之一。线性回归模型构建一个方程式，求解输入变量的特定权重（即系数），可以最佳拟合输入变量和输出变量之间关系的直线。例如 $y = a_0 + a_1 x$，在给定输入值 x 的条件下预测 y，线性回归算法的目的是求解系数 a_0 和 a_1 的值。从数据中学习线性回归模型的基本思想是用梯度下降法对最小二乘法形式的误差函数进行优化，结果为 $\hat{w} = (X^T X)^{-1} X^T Y$。线性回归是用于回归，Logistic 回归用于分类。需要注意的是，采用线性回归要去除相关变量和数据中的噪声。线性回归的优点是计算简单、实现容易；缺点是不能拟合非线性数据。

（2）逻辑回归

逻辑回归（Logistic Regression）是二分类问题的首选方法，类似线性回归，其目的也是找到每个输入变量的权重系数值。但不同的是，逻辑回归的输出预测结果是通过 Logistic 函数的非线性函数变换而来的。Logistic 函数形状为"S"型,它将输入值转到 [0,1] 区间,因此可以把一个规则应用于 Logistic 函数的输出,从而得到 [0,1] 区间内的捕捉值,以便预测类别。由于模型的学习方式,逻辑回归的预测结果也可以用作给定数据实例属于类 0 或类 1 的概率,这对于需要为预测结果提供更多理论依据的问题非常有用。

逻辑回归属于判别式模型,同时伴有模型正则化的方法,如 L0、L1、L2 等。与朴素贝叶斯相比不必关注特征是否相关;与决策树、SVM 相比,可以得到概率解释,还可以采用在线梯度下降算法(Online Gradient Descent)利用新数据来更新模型。当需要一个概率架构,例如简单地调节分类阈值、指明不确定性、获得置信区间等,或者需要将更多的训练数据快速整合到模型中去时,可以使用该模型。该模型的优点为计算量小、速度很快、存储资源低,实现简单、应用广泛,可以结合 L2 正则化多重共线性问题;缺点为当特征空间很大时性能降低,容易欠拟合,只能处理二分类问题且必须线性可分,对于非线性特征处理需要进行转换。

3. 正则化方法

正则化方法(Regularization Methods)是对回归分析等方法的延伸,对越简单的模型此延伸越有利,并且更擅长归纳。正则化算法根据算法的复杂度对算法进行调整,通常对简单模型予以奖励而对复杂算法予以惩罚。常见的算法包括岭回归(Ridge Regression)、Least Absolute Shrinkage and Selection Operator(LASSO)、弹性网络(Elastic Net)等。

4. 维度缩减

维度缩减(Dimensionality Reduction),又称降维算法,与聚类方法一样,追求和利用数据中的统一结构,但是它用更少的信息来对数据做归纳和描述,对数据可视化或者简化数据很有用。维度缩减算法是以非监督学习的方式试图利用较少的信息来归纳或者解释数据,可用于高维数据的可视化或者用来简化数据以便监督式学习使用。常见的算法包括:主成分分析(Principle Component Analysis,PCA)、偏最小二乘回归(Partial Least Square Regression,PLSR)、Sammon 映射、多维尺度(Multi-Dimensional Scaling,MDS)、投影追踪(Projection Pursuit)等。

5. 决策树

决策树方法(Decision Tree Methods)建立了根据数据中实际值决策的模型,来解决分类和回归问题。其算法包括分类及回归树(Classification And Regression Tree,CART)、ID3(Iterative Dichotomiser 3)、C4.5、卡方自动交互探测(Chi-squared Automatic Interaction Detection,CHAID)、随机森

林（Random Forest）、多元自适应回归样条（Multivariate Adaptive Regression Splines，MARS）以及梯度推进机（Gradient Boosting Machine，GBM）等。

决策树可以被表示为一棵二叉树，其关键是根据信息增益选择属性进行分枝，信息熵的计算公式如下：

$$H = - \sum_{i-1}^{n} p(x_i) \log_2 p(x_i) \tag{1.1}$$

式中，n 代表有 n 个分类类别，假设是二类问题，则 $n = 2$。分别计算这 2 类样本在总样本中出现的概率 $p1$ 和 $p2$，计算出未选中属性分支前的信息熵。选中一个属性 x_i 来进行分支，分别计算 2 个分支的熵 $H1$ 和 $H2$，计算出分枝后的总信息熵 $H' = p1 \times H1 + p2 \times H2$，则此时的信息增益 $\Delta H = H - H'$。以信息增益为原则，测试所有的属性，选择一个使增益最大的属性作为本次分枝属性。

决策树的一大优势就是易于解释，可以处理特征间的交互关系并且是非参数化的，因此不必担心异常值或者数据是否线性可分。决策树的优点为：计算简单、学习速度快，易于理解、可解释性强，适合处理有缺失属性的样本，能够处理不相关的特征，在相对短的时间内能够对大型数据源做出可行且效果良好的结果，不需要为数据做任何特殊的预处理准备。其缺点包括不支持在线学习，在新样本到来后，决策树需要全部重建；容易发生过拟合，这正是随机森林（RF）、提升树等集成方法的切入点；忽略了数据之间的相关性；对于那些各类别样本数量不一致的数据，在决策树当中，信息增益的结果偏向于那些具有更多数值的特征（James G 等，2013）。

6. 随机森林

随机森林（Random Forest，RF）是一种集成机器学习算法，是最流行也最强大的机器学习算法之一。随机森林不用选择最优分割点，而是通过引入随机性来进行次优分割。它是一个包含多个决策树的分类器，并且其输出的类别是由单个树输出的类别的众数而定。首先，从原始的数据集中采取有放回的抽样，构造子数据集，子数据集的数据量是和原始数据集相同的。不同子数据集的元素可以重复，同一个子数据集中的元素也可以重复。其次，利用子数据集来构建子决策树，将这个数据放到每个子决策树中，每个子决策树输出一个结果。最后，如果有了新的数据需要通过 RF 得到分类结果，就可以通过对子决策树的判断结果的投票，得到随机森林的输出结果。随机森林通常是很多分类问题的赢家，训练快速且可调，效果比支持向量机更具优势，同时无须像支持向量机那样调一大堆参数。

7. 基于实例的方法

基于实例的方法（Instance-based Methods）用来对决策问题建立模型，

这样的模型常常先选取一批样本数据，然后根据某些近似性把新数据与样本数据进行比较，来寻找最佳的匹配。基于实例的方法模拟了一个决策问题，对现有数据建立一个数据库，把新数据加进去，再用一个相似性测量方法在数据库里找出一个最优匹配进行预测。因此，此方法也被称为"赢家通吃"方法或者"基于记忆的方法"。此方法关注的焦点在于存储数据的表现形式和相似性测量方法上，包括最邻近算法（K-Nearest Neighbour，KNN）、学习矢量量化（Learning Vector Quantization，LVQ）、自组织映射算法（Self-Organizing Map，SOM）（Gagliardi F，2011）。

（1）最邻近算法

最邻近算法（K-Nearest Neighbour，KNN）对新数据点的预测结果是通过在整个训练集上搜索与该数据点最相似的 K 个实例（近邻），并总结这 K 个实例的输出变量而得出的。对于回归问题来说，预测结果可能就是输出变量的均值；而对于分类问题来说，预测结果可能是众数的类的值。关键之处在于如何判定数据实例之间的相似程度，如果数据特征尺度相同，那么最简单的度量技术就是使用欧几里得距离，可以根据输入变量之间的差异直接计算出该值。使用距离或接近程度的度量方法可能会在维度非常高的情况下崩溃，这就是所谓的维数灾难，所以应该仅仅使用那些与预测输出变量最相关的输入变量。KNN 实现原理如图 1.2 所示，主要过程为：

① 计算训练样本和测试样本中每个样本点的距离，常用欧氏距离、马氏距离等；

② 对上面所有的距离值进行排序；

③ 选前 K 个最小距离的样本；

④ 根据这 K 个样本的标签进行投票，得到最后的分类类别。

如何选择一个最佳的 K 值取决于数据。一般情况下，在分类时较大的 K 值能够减小噪声的影响，但会使类别之间的界限变得模糊。一个较好的 K 值可通过各种启发式技术来获取，比如交叉验证。另外，噪声和非相关性特征向量的存在会使 K 近邻算法的准确性减小。近邻算法具有较强的一致性结果，随着数据趋于无限，算法保证错误率不会超过贝叶斯算法错误率的两倍。对于一些好的 K 值，K 近邻保证错误率不会超过贝叶斯理论误差率。

KNN 算法的优点：理论成熟、思想简单、训练时间复杂度为 O(n)，既可以用来做分类也可以用来做回归，可用于非线性分类，对数据没有假设，准确度高，对异常值不敏感。其缺点：距离计算的计算量大，样本不平衡问题效果差，需要大量内存（Hastie T 等，2005；Geman S 等，1992）。

（2）学习向量量化

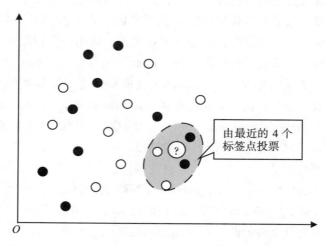

图 1.2　KNN 算法原理

　　学习向量量化（Learning Vector Quantization，LVQ）的表示是一组码本向量，它们在开始时是随机选择的，经过多轮学习算法的迭代后，最终对训练数据集进行最好的总结。不同于 KNN 算法需要处理整个训练数据集，LVQ 允许选择所需训练实例数量，并确切地学习这些实例。LVQ 通过学习码本向量可被用来执行预测，通过计算每个码本向量与新数据实例之间的距离，可以找到最匹配的码本向量，然后返回最匹配单元的类别值（分类）或实值（回归）作为预测结果。将数据重新缩放到相同的范围（如 0~1 之间），就可以获得最佳的预测结果。

　　8. 集成方法

　　集成方法（Ensemble Methods），用一些相对较弱的学习模型独立地就同样的样本进行训练，然后把结果整合起来进行整体预测。集成算法的主要难点在于究竟集成哪些独立的较弱的学习模型以及如何把学习结果整合起来。包括推进机（Boosting）、自适应堆叠算法（AdaBoost）、Bootstrapped Aggregation（Bagging）、堆叠泛化（Stacked Generalization，Blending）、梯度推进机（Gradient Boosting Machine，GBM）、随机森林（Random Forest）等。

　　（1）推进机

　　推进机（Boosting）是一种试图利用大量弱分类器创建一个强分类器的集成技术。Boosting 方法的实现，首先利用训练数据构建一个模型，然后创建并加入新模型以修正前一个模型的误差，直到模型能够对训练集进行完美的预测或加入的模型数量已达上限。

（2）自适应堆叠算法

自适应堆叠算法（AdaBoost）是第一个为二分类问题开发的真正成功的 Boosting 算法，可以作为入门理解 Boosting 的最佳起点。当下的 Boosting 方法建立在 AdaBoost 基础之上，最著名的就是随机梯度推进机。AdaBoost 使用浅层决策树，在创建第一棵树之后，使用该树在每个训练实例上的性能来衡量下一棵树应该对每个训练实例赋予多少权重。难以预测的训练数据权重会增大，而易于预测的实例权重会减小。模型是一个接一个依次创建的，每个模型都会更新训练实例权重，影响序列中下一棵树的学习。在构建所有的树之后，就可以对新的数据执行预测，并根据每棵树在训练数据上的准确率来对其性能进行加权。由于算法在纠正错误上投入了大量精力，因此在数据清洗过程中删除数据中的异常值是非常重要的。

（3）袋装算法

袋装算法（Bagging）是投票式算法，首先使用 Bootstrap 产生不同的训练数据集，然后再分别基于这些训练数据集得到多个基础分类器，最后通过对基础分类器的分类结果进行组合得到一个相对更优的预测模型。自助法是一种从数据样本中估计某个量（例如平均值）的强大统计学方法。需要在数据中取出大量的样本，计算均值，然后对每次取样计算出的均值再取平均，从而得到对所有数据的真实均值更好的估计。袋装算法使用了相同的方法，但不对整个统计模型进行估计，而是在训练数据中取多个样本，然后为每个数据样本构建模型，每个模型都会产生一个预测结果，Bagging 会对所有模型的预测结果取平均，以便更好地估计真实的输出值。如果使用具有高方差的算法（例如决策树）获得了良好的结果，那么通常可以通过对该算法执行 Bagging 以获得更好的结果。

9. 核方法

核方法（Kernel Methods）把输入数据映射到一个高阶的向量空间，在这些高阶向量空间里，有些分类或者回归问题能够更容易被解决。对于非线性问题，则是通过引入核函数，对特征进行映射（通常映射后的维度会更高），在映射之后的特征空间中，样本点就变得线性可分了。常见的核方法包括支持向量机（Support Vector Machine，SVM）、径向基函数（Radial Basis Function，RBF），以及线性判别分析（Linear Discriminate Analysis，LDA）等。

（1）支持向量机

支持向量机（Support Vector Machine，SVM），从训练集中选择一组特征子集，使得对特征子集的划分等价于对整个数据集的划分。这组特征子集就被称为支持向量。SVM 的本质是解一个二次规划问题。SVM 从线性可分情况下的最优分类面发展而来。最优分类面就是要求分类线不但能将两类正确分开,且使分类间隔最大。SVM 考虑寻找一个满足分类要求的超平面,并且使训练集中的点距离分类面尽可能的远,也就是寻找一个分类面使它两侧的空白区域最大。两类样本中离分类面最近的点且平行于最优分类面的超平面上 H1、H2 的训练样本就叫做支持向量。支持向量机试图构建一个超平面高维空间集,通过计算与最近实例最大距离来区分不同类的实例。

　　SVM 算法的关键是选出一个将输入变量空间中的点按类进行最佳分割的超平面,在二维空间中超平面是一条对输入变量空间进行划分的直线。超平面与最近数据点之间的距离称为间隔,能够将两个类分开的最佳超平面是具有最大间隔的直线。只有这些点与超平面的定义和分类器的构建有关,所以这些点叫作支持向量,它们支持或定义超平面。SVM 算法旨在寻找最终通过超平面得到最佳类别分割的系数,其原理如图 1.3 所示。如果数据在原特征空间线性不可分,则需要选择合适的核函数。Libsvm 中自带了四种核函数,即线性核、多项式核、RBF、Sigmoid。核函数的选择需要技巧:①如果样本数量小于特征数,那么就没必要选择非线性核,简单的使用线性核就可以了;②如果样本数量大于特征数目,这时可以使用非线性核,将样本映射到更高维度就可以得到更好的结果;③如果样本数目和特征数目相等,也可以使用非线性核。对于第①种情况,也可以先对数据进行降维,然后使用非线性核。

　　SVM 算法的优点包括为避免过拟合提供了理论保证;可以解决高维问题,即大型特征空间,如果数据在原特征空间线性不可分,只要给个合适的核函数就可以划分;能够处理非线性特征的相互作用;无需依赖整个数据;可以提高泛化能力。其缺点包括内存消耗大,当观测样本很多时,效率并不是很高;对非线性问题没有通用解决方案,有时候很难找到一个合适的核函数;难以解释,调参很繁琐,对缺失数据敏感。

　　(2)线性判别分析

　　线性判别分析(Linear Discriminant Analysis,LDA)算法是多分类首选的线性分类技术。LDA 的表示方法非常直接,它包含为每个类计算的数据统计属性。对于单个输入变量而言,这些属性包括每个类的均值、所有类的方差等。预测结果是通过计算每个类的判别值,并将类别预测为判别值最大的类而得出的。该技术假设数据符合高斯分布(钟形曲线),因此最好预先从数据中删除异常值。

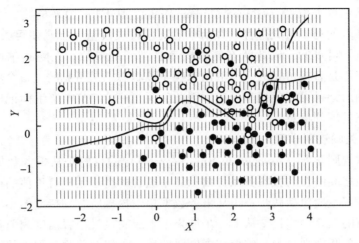

图 1.3　支持向量机分类原理

10. 概率模型方法

概率模型通过对问题进行概率分布建模来预测正确的响应，最常用的是朴素贝叶斯分类器，使用贝叶斯定理和特征之间独立性假设来构建分类器。该模型既简单又强大，不仅可以返回预测值还会返回预测值的确定度。

（1）贝叶斯方法

贝叶斯方法（Bayesian Method）在解决分类和回归问题中应用贝叶斯定理，包括朴素贝叶斯算法（Naive Bayes）、平均单依赖估计（Averaged One-Dependence Estimators，AODE）以及贝叶斯网络（Bayesian Belief Network，BBN）。

朴素贝叶斯是一种简单而强大的预测建模算法，假设每个输入变量相互之间是独立的，其由两类可直接从训练数据中计算出来的概率组成：①数据属于每一类的概率；②给定每个 x 值，数据从属于每个类的条件概率。一旦这两个概率被计算出来，就可以使用贝叶斯定理，用概率模型对新数据进行预测。当数据是实值时，通常假设数据符合高斯分布，这样可以很容易地估计其概率。朴素贝叶斯假设数据之间是无关的，高度简化的模型使得朴素贝叶斯高偏差而低方差。朴素贝叶斯属于生成式模型，其优点为：发源于古典数学理论，有着坚实的数学基础；算法也比较简单，具有稳定的分类效率；对小规模的数据表现很好，可以处理多分类任务，适合增量式训练；对缺失数据不太敏感，常用于文本分类。其缺点为：需要计算先验概率，分类决策存在错误率，对输入数据的表达形式很敏感。

（2）隐马尔可夫模型

隐马尔可夫模型（Hidden Markov Model，HMM）用来描述一个含有隐含未知参数的马尔可夫过程。在简单的马尔可夫模型（如马尔可夫链）中，状态是直接可见的，因此状态转移概率是唯一的参数。在隐马尔可夫模型中，状态不是直接可见的，但输出依赖于该状态下是可见的，每个状态通过可能的输出记录可能的概率分布。因此，通过一个 HMM 产生标记序列提供有关状态的序列信息。

11. 关联规则学习

关联规则学习（Association Rule Learning）的目的是从事务数据集中分析数据项之间潜在的关联关系，揭示其中蕴含的对于用户有价值的模式。关联规则学习主要包括两步：①从事务数据集中挖掘所有支持度不小于最小支持度阈值的频繁项集；②从上一步结果中生成满足最小置信度阈值要求的关联规则。关联规则分为布尔型和多值属性型。布尔型关联规则处理的是离散数据，研究项是否在事务中出现；多值属性关联规则又可分为数量属性和分类属性，显示量化的项或属性之间的关系。在挖掘多值属性关联规则时，通常将连续属性运用统计学方法划分为有限个区间，每个区间对应一个属性，分类属性的每个类别对应一个属性，再对转换后的属性运用布尔型关联规则算法进行挖掘。常见算法包括先验算法（Apriori Algorithm）、FP-Growth 算法、Eclat 算法等。

先验算法是关联规则学习的经典算法之一。先验算法的设计目的是处理包含交易信息内容的数据库，例如顾客购买的商品清单、网页常访清单等。在关联规则中，一般对于给定的项目集合，算法通常尝试在该集合中找出至少有 C 个相同的子集。先验算法采用自底向上的处理方法，即频繁子集每次只扩展一个对象，并且候选集由数据进行检验，当不再产生匹配条件的扩展对象时，算法终止。先验算法采用广度优先搜索算法进行搜索并采用树结构来对候选项目集进行高效计数。

12. 遗传算法

遗传算法（Genetic Algorithm）是模拟生物繁殖的突变、交换和达尔文的自然选择等生物进化规律设计提出的计算模型，是一种通过模拟自然进化过程搜索最优解的方法。该算法通过数学的方式，利用计算机仿真运算，将问题的求解过程转换成类似生物进化中的染色体基因的交叉、变异等过程。遗传算法把问题可能的解编码为一个向量，称为个体，向量的每一个元素称为基因，并利用目标函数（对应于自然选择标准）对群体中每一个个体进行评价，根据评价值（适应度）对个体进行选择、交换、变异等遗传操作，从而得到新的群体。遗传算法在求解较复杂的组合优化问题时，相对一些常规的优化算法，通常能够较快地获得较好的优化结果。遗传算法适用于非常复杂和困难的环境，比如，带有大量噪声和无关数据、事物不断更新、问题目标不能明显和精确地定义，以及通过很长的执行过程才能确定当前行为的价值等。遗传算法已被人们广泛地应用于组合优化、机器学习、信号处理、自适应控制和人工生命等领域。

13. 统计学习理论

统计学习理论（Statistical Learning Theory，SLT），在研究小样本统计估计和预测的过程中发展起来的一种新兴理论，是一种研究有限样本估计和预测的数学理论。SLT 被认为是目前针对有限样本统计估计和预测学习的最佳理论，它从理论上较为系统地研究了经验风险最小化原则成立的条件、有限样本下经验风险与期望风险的关系及如何利用这些理论找到新的学习原则和方法等问题。SLT 的主要内容包括：①基于经验风险原则的统计学习过程的一致性理论；②学习过程收敛速度的非渐进理论；③控制学习过程的推广能力的理论；④构造学习算法的理论。统计学习有三类基本问题：①模式识别；②函数逼近（回归估计）；③概率密度估计，概率密度估计是统计学中的一个全能问题，即知道了概率密度就可以解决各种问题。

14. 人工神经网络

人工神经网络（Artificial Neural Networks）是一种由模拟神经元组成的以处理单元为节点，用加权有向弧相互连接而成的有向图，它属于一类模式匹配算法，经常被用于解决回归和分类问题。人工神经网络是机器学习的一个庞大而重要的分支，有几百种不同的算法，其中深度学习就是其中的一类算法。人工神经网络算法包括感知器神经网络（Perceptron Neural Network）、反向传递网络（Back Propagation）、Hopfield 网络、自组织映射（Self-Organizing Map，SOM）等。神经网络的优点为分类的准确度高，并行分布处理能力强，分布存储及学习能力强，对噪声神经有较强的鲁棒性和容错能力，能充分逼近复杂的非线性关系，具备联想记忆的功能。其缺点为神经网络需要大量的参数，如网络拓扑结构、权值和阈值的初始值；不能观察学习过程，输出结果难以解释，会影响到结果的可信度和可接受程度；学习时间过长，甚至可能达不到学习的目的。

15. 深度学习

深度学习（Deep Learning，DL）是对人工神经网络的发展，是基于人工神经网络模型的机器学习的新领域，相比传统的神经网络，它有更多更复杂的网络构成。DL 主要集中在半监督学习方法上，涉及很大的数据，但是其中很少是被标记的数据。深度学习神经网络有着联结的操作方式，试图模仿大脑以简单的方式完成复杂推理的方式，它由一组相互关联的神经元组成，这些神经元被组织成许多层。深度学习使用更深的层构建了新的结构，通过高层次抽象改进算法，不仅改进了学习方式，而且构建了自动表示最重要特征的结构。常见的深度学习算法包括受限玻尔兹曼机（Restricted Boltzmann Machine，RBM）、深度信念网络（Deep Belief Networks，DBN）、卷积神经网络（Convolutional Neural Network）、堆栈式自动编码器（Stacked Auto-Encoders）等。

16. 算法比较和选择

（1）算法优缺点比较

①线性回归优点：实现简单，计算简单；缺点：不能拟合非线性数据。

②Logistic 回归优点：实现简单，分类时计算量非常小，速度很快，存储资源少；缺点：容易欠拟合，一般准确度不太高，只能处理二分类问题，且必须线性可分。

③朴素贝叶斯的优点：对小规模的数据表现很好，适合多分类任务，适合增量式训练；缺点：对输入数据的表达形式很敏感。

④决策树的优点：计算量简单，可解释性强，比较适合处理有缺失属性值的样本，能够处理不相关的特征；缺点：容易过拟合，采用随机森林可以减小过拟合现象。

⑤SVM 算法优点：可用于线性/非线性分类，也可以用于回归，低泛化误差，容易解释，计算复杂度较低；缺点：对参数和核函数的选择比较敏感，原始的 SVM 只擅长处理二分类问题。

⑥KNN 算法的优点：思想简单、理论成熟，既可以用来做分类也可以用来做回归，可用于非线性分类，训练时间复杂度为 O(n)，准确度高，对数据没有假设，对异常点不敏感；缺点：计算量大，有样本不平衡问题，需要大量的内存。

⑦Boosting 算法的优点：低泛化误差，容易实现，分类准确率较高，不用调太多参数；缺点：对异常值比较敏感。

（2）算法选择

一般情况下，首先应该选择的是逻辑回归，如果逻辑回归效果不理想，以它的结果作为参考基准，在此基础上与其他算法进行比较。

其次，可以尝试决策树和随机森林，测试是否可以大幅度提升模型性能。即使最后没有把它作为最终模型，也可以使用随机森林来移除噪声变量，做特征选择。

如果特征的数量和观测样本特别多，当资源和时间比较充足时，使用 SVM 不失为一种好的选择。

算法固然重要，但好的数据比好算法更重要，如果具备特征明显的超大数据集，那么无论使用哪种算法对分类性能可能影响都不大，根据速度和易用性选择算法即可。

人工神经网络和深度学习模型作为人工智能的重要分支，已经显示出比其他传统学习算法的优越性，特别是在大数据时代，采用卷积神经网络、图神经网络等前沿的算法模型可以获得更好的学习效果。

1.2.4 机器学习评价指标

1. 偏差和方差

偏差是预测值（估计值）的期望与真实值之间的差异，方差描述预测值的离散程度。通常情况下，如果是小训练集，高偏差/低方差的分类器（如 NB）要比低偏差/高方差分类器（如 KNN）的优势大，因为后者会发生过拟合。随着训练集的增长，模型对于原数据的预测能力就越好，偏差就会降低，此时低偏差/高方差的分类器就会逐渐展现出其优势，而高偏差分类器已经不足以提供准确的模型了。构建模型时如果要在训练集上完全拟合而采用比较复杂的模型，则模型会把训练数据集的误差当成真实的数据特征，从而得到不正确的数据分布估计，把此模型用到测试数据集上就难以取得好的拟合效果，这就是过拟合。如果采用较简单的模型则不足以准确表达复杂数据集的分布特征，为欠拟合。过拟合表明采用的模型比真实的数据分布复杂，而欠拟合表示采用的模型比真实的数据分布简单，这两种情况都应避免。

在统计学习框架下刻画模型复杂度时，一般认为 Error = Bias + Variance。Error 可以理解为模型的预测错误率，是由两部分组成的，Bias 表示由于模型过于简单而带来的估计不准确，Variance 表示由于模型过于复杂而带来的更大的变化空间和不确定性，其关系如图 1.4 所示。实际中，为了让 Error 尽量小，选择模型时需要平衡 Bias 和 Variance 所占的比例，即平衡 Overfitting 和 Under-fitting（周志华，2016）。

2. 准确性指标

机器学习算法分类或预测结果准确性评价指标包括准确率（Accuracy）、精确率（Precision）、召回率（Recall）、P-R 曲线（Precision-Recall Curve）、F1 Score、ROC 曲线（接受者操作特征曲线，Receiver Operating Characteristic）、曲线下面积（Area Under Curve，AUC）、混淆矩阵（Confuse

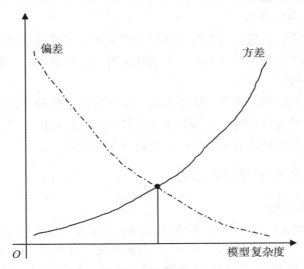

图 1.4　模型偏差和方差的关系

Matrix）等。

（1）准确率

准确率（Accuracy）是机器学习中分类和预测算法的最为原始的评价指标，准确率的定义是预测正确的结果占总样本的百分比，其公式如下：

$$Accuracy = \frac{TP+TN}{TP+TN+FP+FN}$$
（1.2）

式中，TP（True Positive）为真正例，表示被模型预测为正的正样本；FP（False Positive）为假正例，表示被模型预测为正的负样本；FN（False Negative）为假负例，表示被模型预测为负的正样本；TN（True Negative）为真负例，表示被模型预测为负的负样本。

机器学习算法的准确率评价指标存在明显的弊端，即在数据的类别不均衡时，特别是有极偏数据存在的情况下，该评价指标不能客观评价算法的优劣。例如，在测试集里，有 1000 个样本，999 个反例，只有 1 个正例，如果算法对任意一个样本都预测是反例，那么其准确率就为 0.999。该算法从准确率数值上看极佳，但实际该算法没有任何的预测能力，这就是准确率评价指标本身存在的问题（郭耀华，2019）。

（2）精确率

机器学习算法的精确率（Precision），又称为查准率，是针对预测结果而言的，是指在所有被预测为正的样本中实际为正的样本概率，即表示在预测为正样本的结果中，预测正确的比例，其公式如下：

$$Precision = \frac{TP}{TP+FP}$$ （1.3）

精确率和准确率的区别在于，精确率代表对正样本结果的预测准确程度，而准确率则代表整体样本的预测准确程度，既包括正样本，也包括负样本。

（3）召回率

机器学习算法的召回率（Recall），又称为查全率，是针对原样本而言的，其含义是为实际为正的样本中被预测为正样本的概率，公式如下：

$$Recall = \frac{TP}{TP+FN}$$ （1.4）

精确率和召回率是一对此消彼长的评价指标，例如在推荐系统中，想让推送的内容尽可能使用户全都感兴趣，那只能推送用户感兴趣程度高的内容，这样就漏掉了一些用户感兴趣的内容，召回率就低了；如果想让用户感兴趣的内容都被推送，那只有将所有内容都推送上，这样准确率就很低了。在不同的应用场景下关注点不同，应采用不同的评价指标，例如，在预测股票时更关心精确率，即预测升的那些股票里真的升了有多少，因为那些预测升的股票都是预测者投资的。而在预测病患的场景下更关注召回率，即真的患病的人中正确预测的有多少人，错误预测的人越少越好。在实际应用中，通常需要结合两个指标，去寻找一个平衡点，使算法的综合性能最大化。

（4）P-R 曲线

P-R 曲线（Precision Recall Curve）是描述精确率/召回率变化的曲线，定义为，根据机器学习算法的预测结果（实值或概率）对测试样本进行排序，将最可能是"正例"的样本排在前面，最不可能是"正例"的排在后面，按此顺序逐个把样本作为"正例"进行预测，每次计算出当前的 P 值和 R 值，以 P 值为纵坐标、R 值为横坐标制作所得到的曲线。图 1.5 为某一算法针对特定测试值的 P-R 曲线。采用 P-R 曲线对机器学习算法评估的原则是，若机器学习算法 A 的 P-R 曲线被机器学习算法 B 的 P-R 曲线完全包住，则 B 的性能优于 A；若 A 和 B 的曲线发生了交叉，则哪条曲线下的面积大，其对应的算法性能就更优。一般来说，曲线下的面积是很难估算的，所以衍生出根据平衡点（Break-Event Point，BEP）进行评估，即当 P=R 时的取值，即平衡点的取值越高，算法性能越优。

（5）F1-Score

Precision 和 Recall 指标有时是此消彼长的，即精确率高则召回率下降，

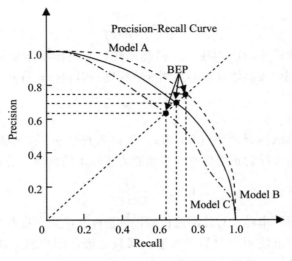

图 1.5 P-R 曲线

所以需要兼顾精确率和召回率，最常见的方法就是 F-Score，又称 F-Measure。F-Score 是 P 和 R 的加权调和平均，即

$$\frac{1}{F_\beta} = \frac{1}{1 + \beta^2} \cdot \left(\frac{1}{p} + \frac{\beta^2}{R} \right) \qquad (1.5)$$

$$F_\beta = \frac{(1 + \beta^2) \cdot P \cdot R}{(\beta^2 \cdot P) + R} \qquad (1.6)$$

当 $\beta = 1$ 时，也就是常见的 F1-Score，是 P 和 R 的调和平均，当 $F1$ 较高时，模型的性能较好。

$$\frac{1}{F1} = \frac{1}{2} \cdot \left(\frac{1}{P} + \frac{1}{R} \right) \qquad (1.7)$$

$$F1 = \frac{2 \cdot P \cdot R}{P + R} = \frac{2 \cdot TP}{样本总数 + TP - TN} \qquad (1.8)$$

（6）ROC 曲线

ROC（Receiver Operating Characteristic）曲线，又称接受者操作特征曲线，是机器学习分类算法中常用的评价指标。ROC 曲线涉及两个指标，分别是灵敏度（Sensitivity）和特异度（Specificity），也叫做真正率（TPR）和假正率（FPR）。以真正率（TPR）为纵坐标，以假正率（FPR）为横坐标制作的曲线为 ROC 曲线。图 1.6 为某一算法对特定数据集的标准 ROC 曲线图。ROC 曲线的优势有两点：一是当测试集中的正负样本的分布变化时，

ROC 曲线能够保持不变。实际数据集中经常会出现类别不平衡（Class Imbalance）现象，即负样本比正样本多很多，或者相反，而且测试数据中的正负样本的分布也可能随着时间而变化，ROC 曲线可以很好地消除样本类别不平衡对指标结果产生的影响。二是 ROC 曲线和 P-R 曲线一样，是一种不依赖于阈值的评价指标。在输出为概率分布的分类模型中，如果仅使用准确率、精确率、召回率作为评价指标进行机器学习算法对比时，都必须基于某一个给定的阈值，对于不同的阈值，各算法的评估结果也会有所不同。

真正率（True Positive Rate，TPR）又称为灵敏度，其公式为：

$$TPR = \frac{正样本预测正确数}{正样本总数} = \frac{TP}{TP + FN} \qquad (1.9)$$

假负率（False Negative Rate，FNR）的公式为：

$$FNR = \frac{正样本预测错误数}{正样本总数} = \frac{FN}{TP + FN} \qquad (1.10)$$

假正率（False Positive Rate，FPR）的公式为：

$$FPR = \frac{负样本预测错误数}{负样本总数} = \frac{FP}{TP + FP} \qquad (1.11)$$

真负率（True Negative Rate，TNR）又称特异度，其公式为：

$$TNR = \frac{负样本预测正确数}{负样本总数} = \frac{TN}{TN + FP} \qquad (1.12)$$

分析上述公式可以看出，灵敏度（真正率）TPR 是正样本的召回率，特异度（真负率）TNR 是负样本的召回率，假负率 FNR = 1−TPR，假正率 FPR = 1−TNR。因上述四个量都是针对单一类别的预测结果而言的，所以对整体样本是否均衡并不敏感。假设总样本中，90%是正样本，10%是负样本，如果使用准确率进行评价是不科学的，但是用 TPR 和 TNR 却是可以的，因为 TPR 只关注 90%正样本中有多少是被预测正确的，而与那 10%负样本毫无关系，同理，FPR 只关注 10%负样本中有多少是被错误预测的，也与那 90%正样本毫无关系，这样评估结果就避免了样本不平衡的干扰。

对于一个机器学习算法，其负样本误判得越少越好，正样本召回得越多越好，因为 FPR 表示算法对于负样本误判的程度，而 TPR 表示算法对正样本召回的程度，所以对于机器学习算法评估就是 TPR 越高同时 FPR 越低，则算法性能越好。相应地，采用 ROC 曲线来评估机器学习算法的优劣，则 ROC 曲线越陡算法性能就越好。进行 A、B 两个算法性能比较时，与 P-R 曲线类似，若算法 A 的 ROC 曲线被另一个算法 B 的 ROC 曲线完全包住，则称 B 的性能优于 A；若 A 和 B 的曲线发生了交叉，则那条曲线下的面积大，其对应的算法性能就越优。

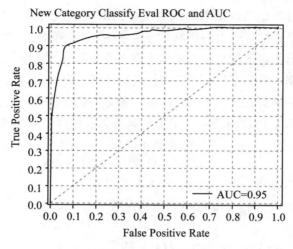

图 1.6　ROC 曲线

（7）AUC 指标

曲线下面积（Area Under Curve，AUC）是指处于 ROC 曲线下方的那部分面积的大小。对于 ROC 曲线，AUC 越大表明算法性能越好，于是 AUC 成为由 ROC 等曲线产生的评价指标。图 1.6 中，ROC 曲线的 AUC 为 0.956。通常，AUC 的值介于 0.5 到 1.0 之间，较大的 AUC 代表了算法性能较优。如果算法是完美的，那么它的 AUC ＝ 1，表明所有正例排在了负例的前面；如果算法是简单的二类随机预测模型，那么它的 AUC ＝ 0.5；如果一个算法优于另一个算法，则其对应的 AUC 值也会较大。

AUC 对所有可能的分类阈值的效果进行综合衡量。AUC 值是一个概率值，其物理意义可以理解为随机挑选一个正样本以及一个负样本，分类算法判定正样本分值高于负样本分值的概率就是 AUC 值。简言之，AUC 值越大，当前的分类算法越有可能将正样本分值高于负样本分值，即能够更好地分类。

（8）混淆矩阵

混淆矩阵（Confusion Matrix），又称为错误矩阵，反映了机器学习算法分类结果的混淆程度，通过它可以直观地观察到算法的效果。混淆矩阵的每一列是样本的预测分类，每一行是样本的真实分类，如图 1.7 所示，其第 i 行第 j 列的数值表示原本是类别 i 却被分为类别 j 的样本个数。混淆矩阵中对角线的数值表示分类正确的样本个数。

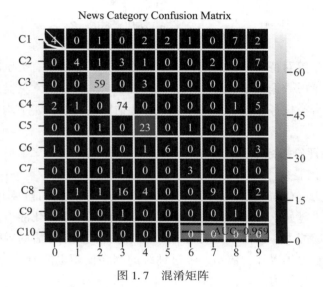

图 1.7　混淆矩阵

（9）宏平均和微平均

对于机器学习的模型算法的训练，有时会得到多组混淆矩阵，如多分类问题，或者在二分类中多次训练或在多个数据集上训练得到多组混淆矩阵，则采用宏平均（Macro-average）和微平均（Micro-average）来评估算法的全局性能。宏平均就是先算出每个混淆矩阵的 P 值和 R 值，然后取得平均 P 值 macro-P 和平均 R 值 macro-R，再算出 F_β 或 F_1。微平均则是计算出混淆矩阵的平均 TP、FP、TN、FN，再计算出 P、R，进而求出 F_β 或 F_1。其公式如下：

$$macroP = \frac{1}{n} \sum_{i=1}^{n} P_i \tag{1.13}$$

$$macroR = \frac{1}{n} \sum_{i=1}^{n} R_i \tag{1.14}$$

$$macroF1 = \frac{2 \times macroP \times macroR}{macroP + macroR} \tag{1.15}$$

$$microP = \frac{\overline{TP}}{\overline{TP} + \overline{FP}} \tag{1.16}$$

$$microR = \frac{\overline{TP}}{\overline{TP} + \overline{FN}} \tag{1.17}$$

$$microF1 = \frac{2 \times microP \times microR}{microP + microR} \tag{1.18}$$

宏平均平等对待每一个类别，所以它的值主要受到稀有类别的影响；而微平均平等考虑数据集中的每一个样本，所以它的值受到常见类别的影响比较大。在多分类任务场景中，如果要综合评估算法性能，宏平均会比微平均性能稍优。

3. 其他评价指标

（1）泛化能力

泛化能力（Generalization Ability）是机器学习算法的重要评价指标之一，泛化能力越好，机器学习模型和算法就越优。模型泛化能力是指模型对新样本的适应能力。机器学习的目的是学到隐含在数据背后的规律，对具有同一规律的学习集以外的数据，经过训练的网络模型也能给出合适的输出，该能力称为泛化能力。

（2）速度

速度是机器学习算法的评价指标之一，包括训练速度和测试速度，速度越快模型越优。

（3）数据利用能力

数据利用能力也是机器学习算法的评价指标之一，包括模型算法对标记数据的要求、对初始数据值设置的敏感性、对噪声和异常点的兼容性等方面。模型算法对数据的利用能力表示其对未标记数据的处理能力，对含噪声、属性缺失、不一致的"坏"数据的兼容能力，对分布不平衡数据的特征识别能力。机器学习算法对数据的利用能力越强、对数据的要求越低、兼容性越强，算法就越佳。

（4）代价敏感

代价敏感（Cost-sensitive），不同的机器学习算法所能容忍的错误代价不一样，不同算法分类结果对应的代价也不一样，期望以较小的代价达到最佳的目的。典型评价方法为 ROC。

（5）可理解性

一个机器学习算法，不仅要评估其是否可以得到预期的分类或预测结果，还需要解释这样做的原因，即为算法的可理解性。目前功能强大的机器学习算法绝大多数是黑盒子，不具备可解释性。

1.2.5 机器学习应用领域

机器学习应用广泛，几乎涉及各行各业，下面仅就典型的应用进行介绍。

（1）图像处理（计算机视觉）

计算机视觉是一门研究如何使机器像人一样"看"世界的科学，是研究如何使人工系统从图像或多维数据中"感知"的科学。电脑和摄影机代替人眼对目标进行识别、跟踪和测量等，并进一步进行图像处理，计算机视觉研究上述过程的相关理论和技术，以建立能够从图像或者多维数据中获取"信息"的人工智能系统。计算机视觉包括图像处理、模式识别、几何建模、场景匹配等。图像处理技术包括图像恢复、检测分割、特征抽取、目标识别、图像理解、场景重建等内容。应用主要包括：①人脸识别，采用机器学习算法识别人脸特征以进行身份确认或者身份查找，涉及人脸图像采集、人脸定位、人脸识别预处理、身份确认以及身份查找等一系列技术。②光学字符识别（OCR），通过机器学习算法学会将手写字符图像转换成相应的数字化字母，将手稿或者扫描文本转换成数字化版本。③自动驾驶，机器学习算法通过多种传感器获取的每一帧图像来学习哪里是道路的边缘，是否有停车标志或者是否有车靠近等道路场景信息，再通过控制系统来自动驾驶汽车。

（2）自然语言处理

自然语言处理（Natural Language Processing，NLP）是人工智能和语言学领域的交叉研究领域，研究如何处理及运用自然语言，使计算机拥有人类语言处理的能力，包括自然语言的认知、理解、生成等。自然语言认知和理解是让电脑把输入的语言变成有意义的符号和关系，并识别其中的含义。自然语言生成则是把计算机数据转化为自然语言。主要任务包括文本朗读（Text to Speech）、语音合成（Speech Synthesis）、自然语言理解（Natural Language Understanding）、自然语言生成（Natural Language Generation）、对话系统（Dialogue System）、聊天机器人（ChatBot）、机器翻译（Machine Translation）等。

（3）文本分析

文本分析是从文本文件，比如推特、邮件、聊天记录文档等中提取或分类信息。文本分析的主要内容包括中文自动分词（Chinese Word Segmentation）、语法分析（Syntactic Analysis）、词嵌入（Word2vec）、词性标注（Part-of-speech Tagging）、文档分类（Document Classification）、信息检索（Information Retrieval）、信息抽取（Information Extraction）、自动摘要（Automatic Summarization）、命名实体识别（Named Entity Recognition，NER）、主题模型（Topic Model）等。典型的应用实例包括：①垃圾邮件过滤，是最为人知也是最常用的文本分类应用之一，通过算法学习如何基于内容和主题将邮件归类为垃圾邮件。②情感分析（Sentiment Analysis），是文本分类的另一个应用，通过算法识别作者表达的情绪，将一个观点分类成积极、中立或者消极。③信息提取，通过算法学会从文本中提取特定的信息或数据块，如提取地址、实体、关键词等。

（4）语音识别

语音识别（Speech Recognition）是让机器通过识别和理解把语音信号转变为相应的文本或命令的技术，包括特征提取技术、模式匹配准则及模型训练技术三个方面。语音识别应用包括语音拨号、语音导航、语音书写、室内设备控制、电脑系统声控、电话客服、语音文档检索、简单的听写数据录入等。语音识别技术与其他自然语言处理技术如机器翻译及语音合成技术相结合，可以构建出更加复杂的应用，例如语音到语音的翻译等。语音识别所涉及的技术包括：信号处理、模式识别、概率论和信息论、发声机理和听觉机理、人工智能等。语言识别主要关注自动且准确的转录人类的语音，面对的问题包括不同口音的处理、背景噪音、区分同音异形异义词等，同时还需要具有跟上正常语速的工作速度。机器学习在语音识别中的作用体现在三个方面。①隐马尔可夫模型成为语音识别的主流方法。②以知识为基础的语音识别受到重视，借助于统计概率的语言模型除了识别声学信息外，更多地利用各种语言知识，诸如构词、句法、语义、对话背景方面等的知识来帮助进一步对语音作出识别和理解。③人工神经网络在语音识别中的应用研究逐步兴起，因其具有区分复杂的分类边界的能力，所以有助于语音模式的划分，特别是在电话语音识别方面成为技术热点，如采用基于反向传播算法（BP 算法）的多层感知网络进行语音识别等。

（5）数据挖掘

数据挖掘（Data Mining）是用人工智能、机器学习、统计学和数据库的交叉方法在大型的数据集中发现模式的计算过程，实际工作是对大规模数据进行自动或半自动的分析，以提取过去未知的有价值的潜在信息。它是一个跨学科的计算机科学分支。数据挖掘过程的总体目标是从一个数据集中提取信息，并将其转换成可理解的结构，以进一步使用。数据挖掘涉及数据库和数据管理、数据预处理、模型与推断、兴趣度度量、复杂度考虑，以及发现结构、可视化及在线更新等后处理。它与知识发现（Knowledge Discovery in Databases, KDD）的关系是，KDD 是从数据中辨别有效的、新颖的、潜在有用的、最终可理解的模式的过程；而数据挖掘是 KDD 通过特定的算法在可接受的计算效率限制内生成特定模式的方法和过程。数据挖掘是从数据中发现潜在知识和模式，并做出预测的方法和技术，涉及七类常见的任务：①分类，是对新的数据推广已知的结构的任务，例如一个电子邮件程序可能试图将一个电子邮件分类为"合法的"或"垃圾邮件"。②聚类，是在未知数据的结构下，发现数据的类别与结构。③回归，试图找到能够以最小误差对该数据建模的函数。④预测，从剩余变量中预测出另一个变量，例如可以通过对现有客户资料和信用评分等信息来学习并预测新客户的信用评分。⑤汇总（Automatic Summarization），提供了一个更紧凑的数据集表示，包括生成可视化和报表。⑥异常检测，包括异常/变化/偏差检测，识别异常的数据记录，以发现有用的信息，例如信用卡欺诈检测，可以从一个用户平常的购物模式来检测哪些购物方式是异常行为。⑦关联规则学习，搜索变量之间的关系，例如市场购物篮分析，超市收集顾客购买习惯相关数据，运用关联规则学习确定哪些产品经常被一起买，并利用这些信息帮助营销。

（6）视频游戏

视频游戏是机器学习得到应用的一个巨大领域。一般来说一个 Agent，即游戏角色或机器人，必须根据视频游戏中的虚拟环境或者对于机器人来说的真实环境来行动。机器学习可以使这个 Agent 执行任务，比如移动到某个环境中而同时避开障碍或者敌人。在这种应用场景下最适宜的机器学习技术是强化学习，Agent 通过学习环境的强化系数来执行任务，如果 Agent 碰到了障碍物强化系数则为负，如果达到目标则强化系数为正。

（7）机器人技术

将机器视觉、自动规划等认知技术整合至极小却高性能的传感器、制动器、控制器等设计巧妙的硬件中，就催生了新一代的机器人，它有能力与人类一起工作，能在各种未知环境中灵活处理不同的任务。例如，无人机、在车间为人类分担工作的"Cobots"、从玩具到家务助手的消费类产品等。

（8）生物领域应用

人工智能和机器学习在生物领域逐渐兴起，包括人体基因序列分析、蛋白质结构预测、DNA 序列测序等。

1.2.6　机器学习前沿和发展

1. 机器学习的前沿

机器学习的前沿技术体现在以下几个方面，主要集中在神经网络方面。

（1）深度学习

不同于传统的机器学习方法，深度学习是一类端到端的学习方法。基于多层的非线性神经网络，深度学习可以从原始数据直接学习，自动抽取特征并逐层抽象，最终实现回归、分类或排序等目的。在深度学习的驱动下，人们在计算机视觉、语音识别、自然语言处理等方面相继取得了突破，达到甚至超过了人类水平。深度学习的成功主要归功于三大因素——大数据、大模型、大计算，因此这三个方向都是当前研究的热点。

在过去的几十年中，很多不同的深度神经网络结构被提出。卷积神经网络、图神经网络等被广泛应用于计算机视觉，如图像分类、物体识别、图像分割、视频分析等；循环神经网络，能够对变长的序列数据进行处理，被广泛应用于自然语言理解、语音识别等领域；编解码模型（Encoder-Decoder）是深度学习中常见的一个框架，多用于图像或序列生成，以解决机器翻译、文本摘要、图像描述等问题。

（2）强化学习

2016 年 3 月，DeepMind 设计的基于深度卷积神经网络和强化学习的AlphaGo 以 4∶1 的成绩比分击败顶尖职业棋手李世乭，成为第一个不借助让子而击败围棋职业九段棋手的电脑程序。此次比赛成为 AI 历史上里程碑式的事件，也让强化学习成为机器学习领域的一个热点研究方向。强化学习是机器学习的一个子领域，研究智能体如何在动态系统或者环境中以"试错"的方式进行学习，通过与系统或环境进行交互获得的奖赏指导行为，从而最大化累积奖赏或长期回报。由于其一般性，该问题在许多其他学科中也进行了研究，例如博弈论、控制理论、运筹学、信息论、多智能体系统、群体智能、统计学和遗传算法。

（3）迁移学习

迁移学习的目的是把源任务训练好的模型迁移到新的学习任务，即目标任务中，帮助新任务解决训练样本不足等技术挑战。其依据是很多学习任务之间存在相关性，因此从一个任务中总结出来的知识和模型参数可以对解决另一个任务有所帮助。迁移学习目前是机器学习的研究热点之一，还有很大的发展空间。

（4）对抗学习

传统的深度生成模型存在一个潜在问题，由于最大化概率似然，模型更倾向于生成偏极端的数据，影响生成的效果。对抗学习利用对抗性行为，包括产生对抗样本、对抗模型等来加强模型的稳定性，提高数据生成的效果。近年来，利用对抗学习思想进行无监督学习的生成对抗网络（Generative

Adversarial Networks，GANs）被成功应用到图像处理、语音识别、文本分析等领域，成为了无监督学习方法的重要技术之一。

（5）对偶学习

对偶学习是一种新的学习范式，其基本思想是利用机器学习任务之间的对偶属性获得更有效的反馈/正则化，引导、加强学习过程，从而降低深度学习对大规模人工标注数据的依赖。对偶学习的思想已经被应用到机器学习很多问题里，包括机器翻译、图像风格转换、问题回答和生成、图像分类、文本分类、图像转文本、文本转图像等。

（6）分布式学习

分布式学习是机器学习技术的加速器，能够显著提高机器学习的训练效率，进一步增大其应用范围。当"分布式"遇到"机器学习"，不应只局限在对串行算法进行多机并行以及底层实现方面的技术，更应该基于对机器学习的完整理解，将分布式和机器学习在算法框架层面更加紧密地结合在一起。

（7）元学习

元学习（Meta Learning）是近年来机器学习领域的一个新的研究热点。元学习就是学会如何学习，不同于其他学习方法为了完成某个特定的学习任务，其重点是对学习本身的理解和适应。也就是说，一个元学习器需要能够评估自己的学习方法，并根据特定的学习任务对自己的学习方法进行调整。

2. 机器学习的发展

首先，主流的机器学习技术是黑箱技术，无法对过程和结果进行解释，为解决这个问题，机器学习应朝向具有可解释性、可干预性方向发展。其次，目前主流的机器学习的计算成本很高，亟待发明轻量级的机器学习算法。另外，在物理、化学、生物、社会科学中，常常用一些简单而美的方程（比如像薛定谔方程这样的二阶偏微分方程）来描述表象背后的深刻规律，那么在机器学习领域，是否也应追求简单而美的规律呢？

针对主流机器学习存在的上述问题，今后机器学习呈现出新的发展趋势（刘铁岩等，2018）。

（1）可解释的机器学习

大部分机器学习技术，尤其是基于统计的机器学习技术，高度依赖基于数据相关性习得的概率预测和分析。相反，理性的人类决策更依赖于清楚可信的因果关系，这些因果关系由真实清楚的事实原由和逻辑正确的规则推理得出。从利用数据相关性来解决问题，过渡到利用数据间的因果逻辑来解释和解决问题，是可解释性机器学习需要完成的核心任务之一。在可控性为首要考量目标的领域，理解数据决策背后所依赖的事实基础是应用机器学习的前提，可解释性意味着可信和可靠。可解释性机器学习，还是把机器学习技术与人类社会做深度集成的必经之路。除了产业和社会对可解释性机器学习的迫切需求，解释行为的动机同时是人类大脑内建的能力和诉求。可解释性根据受众的不同，包含只有机器学习专家可以理解的解释，也包含普通大众都可以理解的解释。对于一个大型的机器学习系统，整体的可解释性高度依赖于各个组成部分的可解释性。从目前的机器学习到可解释性机器学习的演化将是一个涉及方方面面的系统工程，需要对目前的机器学习从理论到算法，再到系统实现进行全面的改造和升级（刘铁岩等，2018）。

（2）轻量机器学习和边缘计算

边缘计算（Edge Computing）指的是在网络边缘节点来处理、分析数据。而边缘节点指的是在数据产生源头和云计算中心之间具有计算资源和网络资源的节点，比如手机就是人与云计算中心之间的边缘节点，而网关则是智能家居和云计算中心之间的边缘节点。在理想环境下，边缘计算指的是在数据产生源附近分析、处理数据，降低数据的流转，进而减少网络流量和响应时间。随着物联网的兴起以及人工智能在移动场景下的广泛应用，机器学习与边缘计算的结合就显得尤为重要。将机器学习模型，特别是复杂的深度学习模型，嵌入到边缘计算的框架中还面临以下几方面的挑战：

①参数高效的神经网络，在保持模型准确性的同时最小化目前参数规模庞大的神经网络，以满足边缘设备不能处理大规模的神经网络的需求，可采用的方式包括通过对卷积层的挤压和扩展来降低滤波器的次数，从而优化参数效率。

②神经网络修剪，在神经网络的训练过程中存在一些神经元，虽经过大量训练然而并不能改进模型的最终效果，可以通过修剪这类神经元来节省模型空间。

③精度控制，可以对神经网络参数由 32 位浮点数设计为 8 位或更少的浮点数，以减小模型规模。

④模型蒸馏，结合迁移学习，将训练好的复杂神经网络的能力迁移到一个结构更为简单的神经网络上，以有效地降低模型复杂度，同时又不会失去太多精度。

⑤优化的微处理器，将神经网络的学习和推断能力嵌入边缘设备的微处理器上，以形成 AI 芯片。

（3）量子机器学习

量子机器学习（Quantum Machine Learning）是量子计算和机器学习的

交叉学科。量子计算机和经典计算机本质的差别在于利用量子相干和量子纠缠等效应来处理信息。目前量子算法已经在若干问题上超过了最好的经典算法，称为量子加速。当量子计算遇到机器学习，一方面可以利用量子计算的优势来提高经典机器学习算法的性能，如在量子计算机上高效实现经典计算机上的机器学习算法；另一方面，也可以利用经典计算机上的机器学习算法来分析和改进量子计算系统。可以在两个方面进行尝试：①量子强化学习，一个量子智能体与经典环境互动，从环境获得奖励从而调整和改进其行为策略，由于智能体的量子处理能力或者由于量子叠加探测环境的可能性，而实现量子加速。②量子深度学习，最简单的可量子化的深度神经网络是玻尔兹曼机，因其具有可调的相互作用的比特位组成，通过调整这些比特位的相互作用来训练玻尔兹曼机，使得其表达的分布符合数据的统计。

（4）简单而美的定律

大自然处处都是纷繁复杂的现象和系统，然而其背后都由简单而优美的数学规律所刻画。既然自然现象背后简而美的数学定律如此普遍，那么可以尝试设计一种方法来自动学习和发现现象背后的数学定律。诺特定理（Noether's theorem）指出，对于每个连续的对称变换都存在一个守恒量（不变量）与之对应。这对于发现自然现象背后的守恒关系，尤其是对于寻找物理守恒定律，提供了深刻的理论指引。Schmidt 和 Lipson （2009）发表在《科学》杂志的论文中，提出了基于不变量原理和进化算法的自动定律发现方法。万物皆数，自动化定律的发现很大程度地辅助了科学研究，甚至在一定领域内实现科学研究的自动化。

（5）即兴学习

即兴学习假设异常事件的发生是常态，即兴智能是指当遇到出乎意料的事件时可以即兴地、变通地处理解决问题的能力。即兴学习意味着没有确定的、预设的、静态的可优化目标。直观地讲，即兴学习系统需要进行不间断的、自我驱动的能力提升，而不是由预设目标生成的优化梯度推动演化。换言之，即兴学习通过自主式观察和交互来获得知识和解决问题的能力。

（6）社会机器学习

机器学习的目的是模拟人类的学习过程，虽然取得很大的成功，但是到目前为止，它忽视了一个重要的因素，也就是人的社会属性。既然人类的智能离不开社会，那么可以尝试着让机器也具有某种意义的社会属性，模拟人类社会中的关键元素进行演化，从而实现比现在的机器学习方法更有效、更智能、更可解释的"社会机器学习"。社会机器学习应该是一个由机器学习智能体构成的体系，每一个机器学习算法除了按照现在的机器学习方法获取数据的规律，还参与社会活动，联合其他的机器学习智能体按照社会机制积极获取信息、分工、合作、总结经验、相互学习以调整其行为。社会机器学习将会是利用机器学习从获取人工智能到获取社会智能的重要方向。

3. 非深度学习进展

机器学习中非深度学习方向，即神经网络之外的机器学习方法的进展如下。

（1）高斯过程

相比于神经网络，高斯过程（Gaussian Processes）的特点在于：①直观、可解释性更好，有更多的数学工具描述它的行为；②高效，只需要很少的样本和计算资源就可以学习；③可以方便地融合先验知识，凭直觉设定一组参数之后，很可能不需要训练就可以得到不错的预测结果；④天然地符合贝叶斯法则。高斯过程的主要不足在计算方面，训练和推理过程中一般都需要计算行列式和轨迹，或者从很大的矩阵中解算系统，存储空间的需求按列长度的平方增长，而计算的时间复杂度为 $O(n^3)$。近几年的进展也主要来自更高效的算法或者近似计算方法，如 KISS-GP、SKI、LOVE 等。

（2）基因算法和演化策略

离散演化训练是用基因算法（Genetic Algorithms）配置网络结构，然后让得到的模型学习。它的一个动机来自，在复杂环境中为稀疏的回报归因是非常困难的，所以不如完全抛弃梯度，转而采用计算更高效的演化策略，反倒可以在模型设计和参数搜索方面获得更大的灵活度，取得更好的结果。其中采用的和大自然中的生物演化类似的"随机突变+方向性选择"的做法也规避了当前的强化学习中的一些问题。

（3）因果推理

因果推理（Causal Inference）创始人为 Judea Pearl，Yoshua Bengio 等学者把它和现代机器学习结合到一起。贝叶斯网络是一个重要方向，Pearl 的分解方式展示了超越贝叶斯网络之外的处理方式，而且可以把过程表示为一个因果图模型。

（4）反向强化学习

反向强化学习（Inverse Reinforcement Learning）采用了和传统强化学习相同的基础设定，然后做相反的事。在强化学习里，给定一个回报函数，让模型找到会得到最大回报的策略；在反向强化学习里，给定一个策略，然后模型找到可以被这个策略最大化的回报函数。它的关键在于从对行为的观察中学习，即便无法访问回报函数，或者无法模仿特定的执行器的行为。反向强化学习中有一个重大的开放问题，即如何从并非最优的演示中学习。

（5）自动机器学习

自动机器学习（AutoML）可以看作一个决策树，在给定数据集以后决定什么样的数据处理流水线是最好的，这很有用，也会在整个机器学习领域中占据更多位置。谷歌目前就已经面向没有编程能力的商业用户提供AutoML服务。

（6）其他发展趋势

除了上述方法之外，还有最优传输理论（Optimal Transport Theory）、符号回归（Symbolic Regression）、脉冲神经网络（Spiking Neural Networks）、随机优化（Stochastic Optimization）等方法所引领的发展方向（Manning T 和 Walsh P，2012）。

1.3　深度学习

1.3.1　深度学习概述

深度学习（Deap Learning，DL）是机器学习的一个重要分支，是一种以人工神经网络为架构，对资料进行表征学习的算法（Deng L 和 Yu D，2014；Bengio Y，2009；Bengio Y 等，2013；Schmidhuber J，2015；LeCun Y 等，2015）。深度学习是基于人工神经网络模型的机器学习的新领域，使用多层次的非线性信息处理和抽象，用于有监督或无监督的特征学习、表示、分类和模式识别，使机器学习更接近于最初的目标——人工智能。深度学习是对人工神经网络的发展，相比传统的神经网络，它有更多更复杂的网络构成，其神经网络由一组相互关联的神经元组成，通过分层的组织结构和联结方式，试图模仿人类大脑的工作方式。深度学习使用更深的层构建了新的结构，通过高层次抽象改进了算法，不仅改进了学习方式，而且构建了自动表示最重要特征的结构。

深度学习和浅层学习的区别在于：①强调模型结构的深度，通常有 5 层，甚至 10 层以上的隐层节点；②明确了特征学习的重要性。也就是说，通过逐层特征变换，将样本在原空间的特征表示变换到一个新特征空间，从而使分类或预测更容易。传统的机器学习技术在处理未加工过的数据时，体现出来的能力是有限的。表征学习（Representation Learning/Feature Learning）是一套给机器灌入原始数据，然后能自动发现需要进行检测和分类的表征方法，其目标是寻求更好的表征方法并创建更好的模型来从大规模未标记数据中学习这些表征方法。深度学习就是一种表征学习方法，把原始数据通过一些简单的但是非线性的模型转变成为更高层次的，更加抽象的表达。深度学习通过组合低层特征形成更加抽象的高层来表示属性类别或特征，以发现数据的分布式特征表示。理论上通过足够多的转换的组合，再复杂的函数也可以被学习，所以它擅长发现高维数据中的复杂结构。卷积网络（Convolutional Network）是常见的深度学习算法之一。

深度学习是机器学习中一种基于对数据进行表征学习的算法。观测值（例如一幅图像）可以使用多种方式来表示，如每个像素强度值的向量，或者更抽象地表示成一系列边、特定形状的区域等。而使用某些特定的表示方法更容易从实例中学习任务，例如，人脸识别或面部表情识别（Glauner P O，2015）。深度学习的优点是用非监督或半监督（Semi-supervised Learning）的特征学习和分层特征提取高效算法来替代手动获取特征（Song H A 和 Lee S Y，2013）。

深度学习的基础是机器学习中的分布式表征（Distributed Representation），其假定观测值是由不同因子相互作用生成的，在此基础上，深度学习进一步假定这一相互作用的过程可分为多个层次，代表对观测值的多层抽象，不同的层数和层的规模可用于不同程度的抽象。深度学习运用了分层次抽象的思想，更高层次的概念从低层次的概念学习得到。分层结构通常采用贪心算法逐层构建而成，从中选取有助于机器学习的更有效的特征。大部分深度学习算法都以无监督学习的形式出现，其优势是能够应用于其他算法无法企及的无标签数据，这一类数据比有标签数据更丰富，也更容易获得（Bengio Y 等，2013）。

深度学习正在取得重大进展，解决了人工智能领域多年难以解决的问题。它擅长发现高维数据中的复杂结构，被应用于科学、商业和政府等领域。除了在图像处理、语音识别等领域取得重要进展外，还在包括预测潜在的药物分子的活性、分析粒子加速器数据、重建大脑回路、预测在非编码 DNA 突变对基因表达和疾病的影响等领域，击败了其他机器学习技术。另外，深度学习在自然语言理解的各项任务中取得了重要的成果，特别是主题分类、情感分析、自动问答和语言翻译。深度卷积网络在处理图像、视频、语音和音频方面带来了突破，而递归网络（Recurrent Neural Networks，RNNs）在处理序列数据，比如文本和演讲方面表现出了突出的一面（LeCun Y 等，2015）。

1.3.2　深度学习模型

深度学习模型主要指深度神经网络模型。深度神经网络是由神经元连接组成并至少具有一层隐藏层的神经网络。与浅层神经网络类似，深度神经网络能够为复杂非线性系统建模，多出的层次为模型提供了更高的抽象层次，因而提高了建模的能力。但深度神经网络天然具有两种缺陷，一是容易产生过拟合现象，因为增加的抽象层使得模型能够对训练数据中较为罕见的依赖关系进行建模。二是训练采用反向传播、梯度下降等算法时，深度神经网络层数、每层的节点数使得时间耗费大。

至今已有多种深度学习模型，包括卷积神经网络、循环神经网络和深度置信网络（Deep Belief Network）等，已被应用在计算机视觉、语音识别、自然语言处理、音频识别与生物信息学等领域并获取了极好的效果。

1. 卷积神经网络

卷积神经网络（Convolutional Neural Networks，CNN）是一类包含卷积计算且具有深度结构的前馈神经网络（Feedforward Neural Networks），是深度学习的代表算法之一。卷积神经网络具有表征学习（Representation Learning）能力，能够按其阶层结构对输入信息进行平移不变分类（Shift-invariant Classification），因此也被称为平移不变人工神经网络（Shift-Invariant Artificial Neural Networks，SIANN）。卷积神经网络仿照生物的视知觉（Visual Perception）机制构建，可以进行监督学习和非监督学习，其隐含层内的卷积核参数共享和层间连接的稀疏性使得卷积神经网络能够以较小的计算量学习复杂的特征，且对数据没有额外的特征工程要求。卷积神经网络涵盖四种基本思想，即局部连接、共享权重、池化和多层使用。CNN 由输入层、隐含层、输出层组成，其中隐含层包括卷积层、池化层和全连接层。卷积层检测特征的局部连接，采用卷积而不是矩阵乘法；池化层将相似的特征合并为一个（Goodfellow I 等，2016；Gu J 等，2015）。

（1）深度最大池化卷积神经网络

深度最大池化卷积神经网络（MPCNN），主要对卷积和最大池化进行操作，由输入层以外的三层组成，在输入层之后周期性地使用卷积和池化混合，然后是全连接层。卷积层获取输入图像并生成特征图，然后应用非线性激活函数；最大池化层向下采样图像，并保持子区域的最大值；全连接层进行线性乘法。

（2）极深的卷积神经网络

Simonyan 和 Zisserman（2014）提出了非常深层的卷积神经网络（VDCNN）架构，也称为 VGG Net。VGG Net 使用非常小的卷积滤波器，深度达到 16~19 层。Conneau 等（2016）提出了另一种文本分类的 VDCNN 架构，使用小卷积和池化，该架构由 29 个卷积层组成。

（3）基于区域的卷积神经网络

Girshick 等（2013）提出了基于区域的卷积神经网络（R-CNN），使用区域来定位和分割目标。该架构由三个模块组成：定义了候选区域集合的类别独立区域建议，从区域中提取特征的大型卷积神经网络（CNN），以及一组类特定的线性支持向量机（SVM）。Girshick（2015）提出了快速的基于区域的卷积网络（Fast R-CNN），由卷积层、池化层、区域建议层和一系列全连接层组成。利用 R-CNN 架构能快速地生成结果。Ren 等（2015）提出了更快的基于区域的卷积神经网络（Faster R-CNN），使用区域建议网络（Region Proposal Network，RPN）进行实时目标检测，RPN 是一个全卷积网络，能够准确、高效地生成区域建议。Kaiming 等（2017）提出了基于区域的掩膜卷积网络（Mask R-CNN），扩展了 R-CNN 的架构，并使用一个额外的分支用于预测目标掩膜。Lee 等（2017）提出了基于区域的多专家卷积神经网络（Milti-Expert R-CNN，ME R-CNN），从选择性角度和详细的搜索中生成兴趣区域（ROI）。使用 Per-ROI 多专家网络而不是单一的 Per-ROI 网络，每个专家都是来自 Fast R-CNN 的全连接层的相同架构。

（4）长期循环 CNN

Donahue 等（2015）提出了长期循环卷积网络（LRCN），它使用 CNN 进行输入，然后使用 LSTM 进行递归序列建模并生成预测。

2. 循环神经网络

循环神经网络（Recurrent Neural Network，RNN）是一类以序列数据为输入，在序列的演进方向进行递归且所有节点按链式连接的神经网络。其更适合于序列输入，如语音、文本和生成序列。一个重复的隐藏单元在时间展开时可以被认为是具有相同权重的非常深的前馈网络。由于梯度消失和维度爆炸问题，RNN 曾经很难训练，为了解决这个问题进行了改进。Peng 和 Yao（2015）提出了利用外部记忆（RNN-EM）来改善 RNN 的记忆能力。Chung 等（2015）提出了门控反馈递归神经网络（GF-RNN），通过将多个递归层与全局门控单元叠加来扩展标准的 RNN。Zheng 等（2015）提出条件随机场作为循环神经网络（CRF-RNN），其将卷积神经网络和条件随机场结合起来进行概率图形建模。Bradbury 等（2016）提出了用于神经序列建模和沿时间步的并行应用的准循环神经网络（QRNN）。

（1）递归神经网络

递归神经网络（Recursive Neural Network，RecNN）是循环神经网络在有向无循环图上的扩展，递归神经网络的一般结构为树状的层次结构。循环支持向量机（RSVM），由 Shi 等（2016）提出，利用循环神经网络从输入序列中提取特征，用标准支持向量机（SVM）进行序列级目标识别。

（2）长短期记忆网络

长短期记忆网络（Long Short-Term Memory，LSTM）是一种时间循环神经网络，是为了解决一般的 RNN（循环神经网络）存在的长期依赖问题而专门设计出来的，所有的 RNN 都具有一种重复神经网络模块的链式形式。Hochreiter 和 Schmidhuber（1997）提出了长短期记忆，克服了循环神经网络（Recurrent Neural Network）的误差回流问题。LSTM 是基于循环网络和梯度的学习算法，LSTM 引入自循环产生路径，使得梯度能够流动。Greff 等（2016）对标准 LSTM 和 8 个 LSTM 变体进行了大规模分析，分别用于语音识别、手写识别和复调音乐建模。Shi 等（2016）提出了深度长短期记忆网络（DLSTM），它是一个 LSTM 单元的堆栈，用于特征映射学习表示。

（3）双向循环神经网络

LSTM 网络的变体包括双向循环神经网络（Bidirectional Recurrent Neural Network，Bi-RNN）和深层循环神经网络。双向循环神经网络的主体结构是由两个单向循环神经网络组成的。在每一个时刻，输入会同时提供给这两个方向相反的循环神经网络，而输出则是由这两个单向循环神经网络共同决定的。

（4）深层循环神经网络

为了增强模型的表达能力，深层循环神经网络（Deep Recurrent Neural Network，D-RNN）在每一个时刻将循环体结构复制多次，每一层的循环体中参数是一致的，而不同层中的参数可以不同。

（5）批-归一化 LSTM

批-归一化 LSTM（BN-LSTM），Cooijmans 等（2016）提出，对递归神经网络的隐藏状态使用批-归一化。

（6）像素递归神经网络

像素递归神经网络（Pixel RNN），Van den Oord 等（2016）提出的像素递归神经网络（Pixel-RNN），由 12 个二维 LSTM 层组成。

（7）变分双向 LSTM

变分双向 LSTM（Variational Bi-LSTM），是由 Shabanian 等（2017）提出的，是双向 LSTM 体系结构的变体，使用变分自编码器在 LSTM 之间创建一个信息交换通道，以学习更好的表征。

（8）高速路网络

高速路网络（Highway Networks），Srivastava 等（2015）提出，通过使用门控单元来学习管理信息。跨多个层次的信息流称为信息高速路。Zilly

等（2017）提出了循环高速路网络（Recurrent Highway Networks，RHN），扩展了长短期记忆架构，在周期性过渡中使用了 Highway 层。

（9）高速路 LSTM RNN

高速路长短期记忆 RNN（High-Long Short-Term Memory RNN，HLSTM RNN），是由 Zhang 等（2016）提出的，它在相邻层的内存单元之间扩展了具有封闭方向连接，即 Highway 的深度 LSTM 网络。

3. 深度自编码器

深度自编码器（Deep AutoEncoder，DAE）是基于多层神经元的自编码神经网络，可以是转换可变的，从多层非线性处理中提取的特征可以根据学习者的需要而改变。自编码器（AutoEncoder）对原始信息进行自动编码，编码为压缩表示，然后解码以重建输入。AE 网络的形状酷似一个沙漏计时器，中间的隐含层较小，两边的输入层、输出层较大。它是以中间层为轴的对称结构，中间最小层是整个网络的关隘口，是编码部分，此处信息压缩程度最大，中间层之前为编码部分，中间层之后为解码部分（Bourlard H 等，1988）。

（1）堆栈自编码器

堆栈自编码器（Stack AutoEncoder，SAE）的结构与深度信念网络类似，由若干结构单元堆栈组成，不同之处在于其结构单元为自编码器而不是受限玻尔兹曼机。在深度自编码网络中，低隐藏层用于编码，高隐藏层用于解码，误差反向传播用于训练。

（2）稀疏自编码器

稀疏自编码器（Sparse AutoEncoder）某种程度上同自编码器相反，不是用更小的空间表征大量信息，而是把原本的信息编码到更大的空间内。因此，中间层不是收敛，而是扩张，然后再还原到输入大小。可以用于提取数据集内的小特征（Ranzato M 等，2007）。

（3）变分自动编码器

变分自动编码器（Variational AutoEncoder，VAE）可以算作解码器，建立在标准神经网络上，可以通过随机梯度下降训练（Doersch C，2016）。

（4）多层降噪自编码器

多层降噪自编码器（SDAE），其训练过程不仅要输入数据，还要再加上噪音数据。这种训练旨在鼓励降噪自编码机不要去学习细节，而是学习更加宏观的特征，因为细微特征受到噪音的影响（Vincent P，2008）。在早期的自编码器中，编码层的维度比输入层窄，在多层降噪自编码器中，编码层比输入层宽。

（5）变换自编码器

变换自编码器（Transform AutoEncoders，TAE）既可以使用输入向量，也可以使用目标输出向量来应用转换不变性属性，将代码引导到期望的方向（Deng L and Yu D，2014）。

4. 深度生成模型

概率生成模型（Probabilistic Generative Model，PGM），简称生成模型，是概率统计和机器学习领域的一类重要模型，指一系列用于随机生成可观测数据的模型。深度生成模型（Deep Generate Models，DGM）就是利用深度神经网络可以近似任意函数的能力来建模一个复杂分布或直接生成符合分布的样本（邱锡鹏，2020）。深度生成模型基本都是以某种方式寻找并表达多变量数据的概率分布，包括基于无向图模型（马尔可夫模型）的联合概率分布和基于有向图模型（贝叶斯模型）的条件概率分布。基于无向图的生成模型是构建隐含层和显示层的联合概率，然后去采样；基于有向图的生成模型则是寻找隐含层和显示层之间的条件概率分布，即给定一个随机采样的隐含层，模型可以生成数据。深度生成模型具备三个特点：①在一层中可以学习多层次的表征；②可以完全采用非监督学习；③一个单独的微调步骤可以用于进一步提高最后模型的生成或者识别效果。深度生成模型能学习到高层的特征表达，因此广泛应用于视觉物体识别、信息获取、分类和回归等任务。

深度生成模型的训练是一个非监督过程，输入只需要无标签的数据。除了可以生成数据，还可以用于半监督的学习，先利用大量无标签数据训练好模型，然后利用模型去提取数据特征，之后用数据特征结合标签去训练最终的网络模型。由于实际中，大部分数据是无标签的，需要非监督和半监督学习，所以生成模型相比其他模型具有一定的优势。具体的（深度）生成模型包括：玻尔兹曼机及其变种、深度玻尔兹曼机、深度信念网络、定向生成网络、生成随机网络、Sigmoid 信念网络（Sigmoid Belief Networks）、生成式对抗网络（Generative Adversarial Networks，GANs）、可微生成器网络（Differentiable Generator Networks）、生成矩匹配网络（Generative Moment Matching Networks）、卷积生成网络（Convolutional Generative Networks）、自回归网络（Auto-Regressive Networks）、线性自回归网络（Linear Auto-Regressive Networks）、神经自回归网络（Neural Auto-Regressive Network）等。

（1）玻尔兹曼机

玻尔兹曼机（Boltzmann Machines）是学习任意概率分布的连接主义方

法，使用最大似然原则进行学习。

（2）受限玻尔兹曼机

受限玻尔兹曼机（Restricted Boltzmann Machines，RBM）是马尔可夫随机场的一种特殊类型，包含一层随机隐藏单元，即潜变量和一层可观测变量。Hinton 和 Salakhutdinov（2011）提出了一种利用受限玻尔兹曼机（RBM）进行文档处理的深度生成模型。

（3）深度朗伯网络

深度朗伯网络（Deep Lambertian Networks，DLN），是一个多层次的生成模型，其中潜在的变量是反照率、表面法线和光源。DLN 是朗伯反射率与高斯受限玻尔兹曼机和深度信念网络的结合。

（4）生成对抗网络

GANs（Generative Adversarial Networks，GANs）是由一个学习模型或数据分布的判别模型和一个针对该判别模型的生成模型组成。Goodfellow 等（2014）提出了生成对抗网络，用于通过对抗过程来评估生成模型。Mao 等（2016）、Park 等（2017）对 GANs 提出了更多的改进。Salimans 等（2016）提出了几种训练 GANs 的方法。Denton 等（2015）提出了一种深度生成模型（DGM），叫做拉普拉斯生成对抗网络（LAPGAN），在拉普拉斯金字塔框架中使用卷积网络。

5. 深度信念网络

深度信念网络（Deep Belief Networks，DBN）是具有多个潜在二元或真实变量层的生成模型。DBN 可以解释为贝叶斯概率生成模型，由多层随机隐变量组成，上面的两层具有无向对称连接，下面的层得到来自上一层的自顶向下的有向连接，最底层单元的状态为可见输入数据向量。DBN 由 2F 结构单元堆栈组成，结构单元通常为受限玻尔兹曼机（Resticted Boltzmann Machine，RBM）或者变分自编码。堆栈中每个 RBM 单元的可视层神经元数量等于前一 RBM 单元的隐层神经元数量。根据深度学习机制，采用输入样例训练第一层 RBM 单元，并利用其输出训练第二层 RBM 模型，将 RBM 模型进行堆栈通过增加层来改善模型性能。在无监督预训练过程中，DBN 编码输入到顶层 RBM 后，解码顶层的状态到最底层的单元，实现输入的重构。RBM 作为 DBN 的结构单元，与每一层 DBN 共享参数。Ranzato 等（2011）利用深度信念网络建立了深度生成模型进行图像识别。

6. 其他深度模型

（1）深度残差网络

深度残差网络（ResNet）由 152 层组成，具有较低的误差，并且容易通过残差学习进行训练。在深度学习领域，ResNet 是一个重要的进步，更深层次的 ResNet 可以获得更好的性能。卷积残差记忆网络，将记忆机制并入卷积神经网络，用一个长短期记忆机制来增强卷积残差网络。

（2）记忆网络

记忆网络（Memory Network，MN），由记忆、输入特征映射、泛化、输出特征映射和响应组成。动态记忆网络（Dynamic Memory Network，DMN），由 Kumar 等（2016）提出，用于 QA 任务的动态记忆，DMN 有四个模块，即输入、问题、情景记忆、输出。

（3）增强神经网络

增强神经网络通常是使用额外的属性，如逻辑函数以及标准的神经网络架构。神经图灵机（Neural Turing Machines，NTM），由神经网络控制器和记忆库组成，通常将 RNN 与外部记忆库结合。神经 GPU，由 Kaiser 和 Sutskever（2015）提出，解决了 NTM 的并行问题。神经随机存取机，由 Kurach 等（2015）提出，它使用外部的可变大小的随机存取存储器。神经编程器是一种具有算术和逻辑功能的增强神经网络，由 Neelakantan 等（2015）提出。神经编程器-解释器（NPI），包括周期性内核、程序内存和特定于领域的编码器，由 Reed 和 De Freitas（2015）提出。

（4）深度神经 SVM

深度神经 SVM（DNSVM），以支持向量机（Support Vector Machine，SVM）作为深度神经网络（Deep Neural Network，DNN）分类的顶层，由 Zhang 等（2015）提出。

（5）胶囊网络

胶囊网络（CapsNet），采用胶囊代替神经元构建的神经网络，胶囊层中使用一种协议路由机制。CapsNet 是深度学习的最新突破之一，是基于卷积神经网络的局限性而提出的。激活的较低级胶囊做出预测，在同意多个预测后，更高级的胶囊变得活跃。

（6）网络中的网络

网络中的网络（Network In Network，NIN），以具有复杂结构的微神经网络代替传统卷积神经网络的卷积层，使用多层感知器（MLPConv）处理微神经网络和全局平均池化层，而不是全连接层。深度 NIN 架构可以由 NIN 结构的多重叠加组成。

（7）超网络

超网络（Hyper Networks）可以为其他神经网络生成权值，包括静态超网络卷积网络、用于循环网络的动态超网络等。超网络由 Ha 等（2016）提出，Deutsch（2018）使用超网络生成神经网络。

（8）分形网络

分形网络（FractalNet）由 Larsson 等（2016）提出，作为残差网络的替代方案，可以训练超深度的神经网络而不需要残差学习。分形是简单扩展规则生成的重复架构。

（9）指针网络

指针网络（Ptr-Nets），通过使用一种称为"指针"的 softmax 概率分布来解决表征变量字典的问题，由 Vinyals 等（2015）提出。

（10）Fader 网络

Fader 网络，是一种新型的编码器-解码器架构，通过改变属性值来生成真实的输入图像变化，由 Lample 等（2017）提出。

（11）WaveNet

WaveNet 是由 Oord A 等（2016）提出的用于产生原始音频的深度神经网络，由多层卷积层和 softmax 分布层组成，用于输出。Rethage 等（2018）提出了一个 WaveNet 模型，用于语音去噪。

1.3.3　深度学习框架

深度学习框架是一种可供深度学习使用的界面、库或工具，在无需深入了解底层算法的细节的情况下，可以简单、快速地构建深度学习模型。深度学习框架利用预先构建和优化好的组件集合定义模型，为模型的实现提供了一种清晰而简洁的方法。它们大多数是为 Python 编程语言构建的。目前使用较多的深度学习框架有 Caffe、TensorFlow、Keras、MXNet、DeepLearning4j、CNTK、Theano、PyTorch、PyBrain、Blocks and Fuel、CuDNN、Honk、ChainerCV、PyLearn2、Chainer、torch 等，因篇幅有限，本书只介绍前六种，其他类型读者有感兴趣的可以自行查找资料。

1. Caffe

Caffe 是一个清晰高效的深度学习框架，也是一个被广泛使用的开源深度学习框架。Caffe 对卷积神经网络的支持效果很好，但是对于时间序列 RNN、LSTM 等支持效果不是特别充分。Caffe 工程的 models 文件夹中常用的网络模型比较多，包括 Lenet、AlexNet、ZFNet、VGGNet、GoogleNet、ResNet 等。

Caffe 的模块结构由低到高依次抽象为：①Blob 包括训练数据和网络各层自身的参数，网络之间传递的数据，同时支持在 CPU 与 GPU 上存储和同步；②Layer 包括卷积层和下采样层，还有全连接层和各种激活函数层等，同时每种 Layer 都实现了前向传播和反向传播，并通过 Blob 来传递数据；③ Net 由各种 Layer 前后连接组合而成，也是所构建的网络模型；④Solver 记录网络的训练过程，保存网络模型参数，中断并恢复网络的训练过程，自定义 Solver 能够实现不同的网络求解方式。

Caffe 的安装需要预先安装比较多的依赖项，具体参见 http：//caffe. berkeleyvision. org/和 https：//github. com/BVLC/caffe。

2. TensorFlow

TensorFlow 采用数据流图（Data Flow Graph）的形式进行计算，用节点（Nodes）和线（Edges）的有向图来描述数学计算，节点代表数学运算，而线表示多维数据数组之间的交互，图边表示节点之间传递的多维数据阵列。TensorFlow 使用 tf 模式或 channels_last 模式表示张量。TensorFlow 灵活的体系结构允许使用单个 API 将计算部署到服务器或移动设备中的某个或多个 CPU 或 GPU。

TensorFlow 的安装方式是首先在官网 https：//www. anaconda. com/download/下载 Anaconda 并安装，然后依次在 Anaconda Prompt 控制台，进行 5 个步骤的安装。

3. Keras

Keras 是一个高层神经网络 API，由纯 Python 编写而成并基于 TensorFlow、Theano 以及 CNTK 后端，相当于 TensorFlow、Theano、CNTK 的上层接口。Keras 为支持快速实验而生，能够快速地搭建出神经网络。Keras 主要由 5 大模块构成，分别是网络层、模型、网络配置、后端、数据预处理。网络层封装有全连接网络、CNN、RNN 和 LSTM 等。Keras 有两种类型的模型，分别是序贯模型（Sequential）和函数式模型（Model），函数式模型应用更为广泛，序贯模型是函数式模型的一种特殊情况。

Keras 的安装方式如下：

①在网址 https：//www. anaconda. com/what-is-anaconda 下载安装包，安装 anaconda（Python），用于科学计算的 Python 发行版，支持 Linux、Mac、Windows 系统，提供了包管理与环境管理的功能，可以很方便地解决多版本 Python 并存、切换以及各种第三方包安装问题。

②利用 pip 或者 conda 安装 numpy、keras、pandas、tensorflow 等库。

4. MXNet

MXNet 是一个轻量级、可移植、灵活的分布式的开源深度学习框架。它拥有类似于 Theano 和 TensorFlow 的数据流图，为多 GPU 配置提供了良好的配置环境，有着类似于 Lasagne 和 Blocks 更高级别的模型构建块。MXNet

支持 CNN、RNN 和 LTSM 等网络模型，为图像、手写文字和语音识别以及自然语言处理提供了出色的工具。MXNet 模块架构分为两层，即系统模块和用户模块。系统模块主要进行存储分配，运行时依赖引擎、资源管理、操作符定义。用户模块包括 KVStore、数据加载、NDArray、符号执行、符号构造。

MXNet 的安装方式如下：

①在网址 https：//developer. nvidia. com/cuda-80-ga2-download-archive 下载安装包，安装 CUDA。

②在网址 https：//conda. io/miniconda. html 下载安装包，安装 mini-conda。

5. DeepLearning4j

Eclipse DeepLearning4j（以下简称 DL4J）是由美国 AI 创业公司 Skymind 开源并维护的一个基于 Java/JVM 的深度学习框架。同时也是在 Apache Spark 平台上为数不多的，可以原生态支持分布式模型训练的框架之一。它是第一个为 Java 和 Scala 编写的商业级、开源、分布式的深度学习库，与 Hadoop 和 Apache Spark 集成，为商业环境而非研究工具目的所设计。此外，DL4J 还支持多 GPU/GPU 集群，可以与高性能异构计算框架无缝衔接，从而进一步提升运算性能。在多 GPU 上，它的性能等同于 Caffe。DL4J 将 AI 引入到分布式 GPU 和 CPU 的业务环境中，分布式 DL4J 利用包括 Apache Spark 和 Hadoop 在内的最新分布式计算框架加速训练。DL4J 在开放堆栈中作为模块组件的功能，使之成为首个为微软服务架构打造的深度学习框架。

DL4J 的模块架构包括以下几个部分：①ND4J 和 LibND4J 是 DL4J 所依赖的张量运算框架，ND4J 提供上层张量运算的各种接口，而 LibND4J 用于适配底层基于 C++/Fortran 的张量运算库；②DataVec 是数据预处理的框架，提供对一些典型非结构化数据的读取和预处理；③RL4J 是基于 Java/JVM 的深度强化学习框架，提供了对大部分基于 Value-Based 强化学习算法的支持；④dl4j-examples 是 DL4J 核心功能的一些常见应用案例，包括经典神经网络结构的一些单机版本的应用，与 Apache Spark 结合的分布式建模的案例，基于 GPU 的模型训练的案例，以及自定义损失函数、激活函数等方便开发者需求的案例；⑤dl4j-model-z 框架实现了一些常用的网络结构，在最近发布的一些版本中，dl4j-model-z 已经不再作为单独的项目，而是被纳入 DL4J 核心框架中，成为其中一个模块；⑥ScalNet 是 DL4J 的 Scala 版本，主要是对神经网络框架部分基于 Scala 语言的封装。

DL4J 的安装方式如下：

①在官网下载 JDK1.7 版本以上的 JAVA，并搭建 JAVA 环境；

②下载安装 Apache Maven（http：//maven. apache. org/download. cgi）；

③创建 Maven 工程，修改 pom 文件，pom 中添加依赖，完成配置。

6. CNTK

CNTK 是一个统一的计算网络框架，它将深层神经网络描述为一系列通过有向图的计算步骤。在有向图中，每个节点代表一个输入值或一个网络参数，每条边表示在其中的一个矩阵运算。CNTK 允许用户轻松实现并组合流行的模型类型，包括前馈 DNN、CNN、RNN/LSTM 等。CNTK 通过跨多个 GPU 和服务器的自动区分和并行化实现随机梯度下降（SGD）学习。

CNTK 安装方式如下：

①在网址 https：//docs. microsoft. com/en-us/cognitive-toolkit/setup-windows-python？tabs=cntkpy26 下载安装包，安装 Anaconda3 软件；

②使用 pip install 安装 cntk，然后打开 windows 命令窗口。进入相关的目录，其目录最好配置到 path 环境中；

③输入命令 pip install，注意需要换成与自己相关 Python 环境匹配，选择正确的 whl 文件；

④安装命令，pip install https：//cntk. ai/PythonWheel/CPU-Only/cntk-2. 7. post1-cp35-cp35m-win_amd64. whl；

⑤测试安装 CNTK 是否成功，命令行输入如下代码：python-c"importcntk；print（cntk. version）"。

以上分别介绍了 Caffe、TensorFlow、Keras、MXNet、DL4J 和 CNTK 深度学习框架，其优缺点对比如表 1.1 所示。

表 1.1 　　　　　　　　　　**深度学习框架的优缺点**

深度学习框架名称	优点	缺点
Caffe	快速； 支持 GPU； 支持 Matlab、Python 接口	不灵活； 需要大量的非必要冗长代码； 仅定位在计算机视觉
TensorFlow	可以保障支持、开发的持续性； 可以在不同的计算机上自由运行代码； 不仅支持深度学习，还有支持强化学习和其他算法的工具； 架构清晰	计算图全是 Python，速度较慢； 图构造是静态的，被编译后才可运行

续表

深度学习框架名称	优点	缺点
Keras	提供高级 API； 所有模型参数都可以作为对象属性进行访问	性能方面比较欠缺； 灵活性不强
MXNet	支持最先进的深度学习模型； 具有可扩展的强大技术能力； 唯一支持所有 R 函数的构架	教程不够完善，使用的人不多，导致社区不大； 很少有比赛和论文是基于此实现的； 推广力度和知名度不高
DL4J	支持任意芯片数的 GPU 并行运行； 支持多种深度网络架构； 在图像识别、欺诈检测和自然语言处理方面的表现出众； 易于使用	不提供 Python 接口的准流行框架，框架的功能不完善； 机制不成熟； 缺乏 pandas、matplotlib 等数据科学常用库的支持，生态圈支持差
CNTK	速度快，训练简单，使用方便； 支持各种神经网络模型； 可扩展； 支持 RNN 和 CNN 类型的网络模型，从而在处理图像、手写字体和语音识别问题上表现出众； 预测精度好	不支持 ARM 架构，限制其在移动设备上的功能

1.3.4　深度学习的发展

自深度学习（DL）产生以来，DL 方法以监督、非监督、半监督或强化学习的形式被广泛应用于各个领域。从分类和检测任务开始，DL 应用正在迅速扩展到每一个领域，包括图像分类与识别、视频分类、序列生成、图像和视频处理、文本分类、语音处理、语音识别、口语理解、文本到语音生成、句子建模、文本处理、照片风格迁移、目标识别、人物动作合成和编辑、歌曲合成、身份识别、人脸识别和验证、动作识别、手写生成和预测、自动化和机器翻译、命名实体识别、移动视觉、对话智能体、硬件加速、机器人等。

尽管深度学习在诸多领域取得了巨大成功，但其还有很多地方有待改进，还具有局限性。包括需要更多的数据，不能处理层次结构，无法进行开放式推理，不能解释因果，不能与先验知识集成等。DL 假设了一个稳定的世界，以近似方法实现，工程化很困难。

深度学习的发展将围绕以下方面展开：

（1）深度监督学习

监督学习应用在数据标记、分类器分类或数值预测。LeCun 等（2015）对监督学习方法以及深层结构的形成给出了一个精简的解释。Deng 和 Yu（2014）提到了许多用于监督和混合学习的深度网络，并做出解释，例如深度堆栈网络（DSN）及其变体。Schmidthuber（2015）的研究涵盖了所有神经网络，从早期神经网络到最近应用成功的卷积神经网络（CNN）、循环神经网络（RNN）、长短期记忆网络（LSTM）及其改进。He 等（2016）提出 ResNet 残差网络，减轻了网络的训练，并且在 ILSVRC 分类竞赛中获得冠军。Huang G 等（2017）提出了 Densenet 网络，缓解了消失梯度问题，大大减少了参数的数量，加快了人工智能的发展。黄良辉等（2019）提出了一种轻量级卷积神经网络算法。由此可见，CNN 正朝着轻量型化方向发展。黄跃珍等（2019）提出两种 MobileNet 改进策略，使用深度可分离卷积方法代替传统卷积方式，达到减少网络权值参数的目的。李富豪等（2021）提出了一种基于可变形卷积改进的 D-Unet 深度神经网络，使用 Tversky 作为损失函数，用以解决数据集样本失衡问题，并获得了更高的灵敏度和泛化能力。

（2）深度无监督学习

当输入数据没有标记时，可应用无监督学习方法从数据中提取特征并对其进行分类或标记。LeCun 等（2015）预测了无监督学习在深度学习中发展的未来。Schmidthuber（2015）也描述了无监督学习的神经网络。Deng 和 Yu（2014）简要介绍了无监督学习的深度架构，并详细解释了深度自编码器。Prabhakar（2017）首先提出以无监督学习的方式训练网络来融合静态多曝光图像。Balakrishnan 等（2018）使用 CNN 实现了非监督的医学图像配准，作为无监督单模态图像配准框架，在脑部数据集上取得了优越的性能。QIN C 等（2019）探索了无监督的图像转换学习方法，该方法在 2D 的多模态配准问题上取得了令人满意的效果。Mahapatra 等（2020）通过潜在空间特征编码的无监督域自适应技术打破了不同模态之间的配准障碍，此方法在多模态实验上表现较为优异。

（3）深度强化学习

强化学习使用奖惩系统来预测学习模型的下一步，主要用于游戏和机器人领域，用来解决平常的决策问题。Schmidthuber（2015）描述了强化学习（RL）中深度学习的进展，以及深度前馈神经网络（FNN）和循环神经网络（RNN）在 RL 中的应用。Li 等（2017）讨论了深度强化学习（Deep Reinforcement Learning，DRL）及其架构（例如 Deep Q-Network，DQN）以及在各个领域的应用。Mnih 等（2016）提出了一种利用异步梯度下降进行 DNN 优化的 DRL 框架。Van Hasselt 等（2016）提出了一种使用深度神经网络（Deep Neural Network，DNN）的 DRL 架构。Zhao X 等（2018）采用一种基于 AC 结构的 DRL 方法，执行器根据用户的偏好生成推荐页面，评价器对生成的推荐页面进行评估，并且执行器根据评估的结果对推荐策略进行改进。2018 年 OpenAI 团队基于多智能体 DRL（Multi-Agent DRL，MADRL）推出了 OpenAI Five，在 Dota2 游戏 5v5 模式下击败了人类玩家（Berner C 等，2019）。朱国晖等（2020）在域内部分信息隔离场景下，针对 SFC 映射对传输时延和资源开销的影响，提出了一种基于深度强化学习的服务功能链跨域映射算法。

第 2 章　人工神经网络模型

2.1　神经网络及其类型

2.1.1　神经网络的架构

神经网络（Neural Network，NN），又称人工神经网络（Artificial Neural Network，ANN），是一种模仿生物神经网络行为特征，进行分布式并行信息处理的算法模型，是机器学习的一种主流模型。它从信息处理的角度对人脑神经元网络进行抽象，按不同的连接方式组成不同的网络进行计算。这种网络依靠系统的复杂程度，通过调整内部大量节点之间相互连接的关系，从而达到处理信息的目的。神经网络模型由网络拓扑、节点特点和学习规则来表示。

神经网络的架构主要分为以下六类：

（1）前馈神经网络

前馈神经网络（Feedforward Neural Network，FNN）是一种最简单的神经网络，包括输入层、输出层和隐藏层，各神经元分层排列，每个神经元只与前一层的神经元相连，接收前一层的输出，并输出给下一层，各层间没有反馈。从输入层到隐藏层再到输出层，层与层之间是全连接的，每层之间的节点是无连接的。FNN 是目前应用最广泛、发展最迅速的人工神经网络之一。如果隐藏层包括多层则称为深度神经网络。网络中信息流经激活函数等中间处理，最后输出，在模型输出和模型本身之间没有反馈连接，所以称为前馈神经网络，当增加反馈连接时，则称为循环神经网络。

（2）循环神经网络

循环神经网络（Recurrent Neural Network，RNN）是一类以序列（sequence）数据为输入，在序列的演进方向进行递归且所有节点（循环单元）按链式连接的神经网络。RNN 重复使用单元结构，在连接图中定向循环以处理序列数据，具有复杂的动态训练机制。它和传统神经网络的区别在于一个序列当前输出与前面的输出有关，网络会对前面的信息进行记忆并应用于当前输出的计算中。RNN 具有记忆性、参数共享并且图灵完备（Turing Completeness），因此在对序列的非线性特征进行学习时具有一定优势（邱锡鹏，2020）。循环神经网络在自然语言处理（Natural Language Processing，NLP）包括语音识别、语言建模、机器翻译等领域被广泛应用，也被用于各类时间序列预报。

（3）对称连接网络

对称连接网络（Symmetrically Connected Networks，SCN）遵守能量函数定律，类似循环网络，但单元之间的连接是对称的，即在两个方向上权重相同。对称的权重限制了网络模型变化的可能性，从而也限制了网络的能力，但这种限制也使得其比循环神经网络更容易分析。没有隐藏单元的对称连接网络被称为 Hopfield 网络，有隐藏单元的对称连接网络被称为玻尔兹曼机。

（4）随机神经网络

随机神经网络（Stochastic Neural Network，SNN），是为了解决局部最优问题而模拟能量特性构造的神经网络，在网络中引进随机变化，一类是给神经元随机权重；一类是在神经元之间分配随机过程传递函数。随机神经网络在优化问题中非常有用，因为随机的变换避免了局部最优。由随机传递函数建立的随机神经网络通常被称为玻尔兹曼机（Boltzmann Machines，BM）是由 Geoffrey Hinton 和 Terry Sejnowski 在 1985 年发明的。随机神经网络因计算量太大，不具有实用性，一般应用基于受限玻尔兹曼机。随机神经网络在风险控制、肿瘤学和生物信息学相关领域均有应用（Turchetti C，2004；Ciresan D 等，2012）。

（5）生成神经网络

生成神经网络（Generative Neural Network，GNN），和判别网络相对而言，指一系列用于随机生成数据的神经网络。由随机二元神经元组成的生成神经网络有两种，一种是基于能量的，利用对称连接将二元随机神经元连接到一个玻尔兹曼机上；另一种是基于因果关系，在有向无环图中连接二元随机神经元，得到一个 S 形信念网络。常见的两种生成神经网络模型包括变分自动编码器（Variational AutoEncoder，VAE）和生成对抗网络（Generative Adversarial Networks，GANs）。

（6）自组织神经网络

自组织神经网络（Self-organizing Neural Network，SONN），通过自动寻找样本中的内在规律和本质属性，自组织、自适应地改变网络参数与结构。多层感知器的学习和分类是以一定的先验知识为条件的，而在实际应用中，

有时并不能提供所需的先验知识，这就需要网络具有自学习的能力。SONN
利用竞争性学习来无监督地分类数据。输入数据之后，网络会评估哪些神经
元与输入的数据匹配度最高，然后做微调来继续提高匹配度，并带动邻近的
其他神经元发生变化。邻近神经元被改变的程度，由其到匹配度最高的单元
之间的距离来决定。Kohonen 提出的自组织特征映射图（Self-Organizing
Feature Map，SOFM），就是这种具有自学习功能的神经网络，这种网络是基
于生理学和脑科学研究成果提出的。

2.1.2 神经网络的类型

下面具体介绍常见的神经网络模型。

1. PM 感知机

感知机（Perceptron Machine）由两层神经网络组成，输入层接收外界
输入信号后传递给输出层，输出层是 M-P 神经元。如图 2.1 所示，一个神
经元有 n 个输入，每一个输入对应一个权值 w，神经元内会对输入与权重作
乘法后求和，求和的结果与偏置作差，最终将结果放入激活函数中，由激活
函数给出最后的输出，输出往往是二进制的，0 状态代表抑制，1 状态代表
激活。

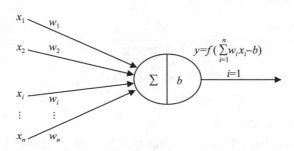

图 2.1　感知机结构

多层感知机（Multilayer Perceptron Machine，MLP）构成人工神经网络，
比单层感知机增加了 1 个或多个隐藏层，属于前馈神经网络。

2. BP 神经网络

BP（Back Propagation）神经网络属于前馈神经网络，通常采用基于 BP
神经元的多层前向神经网络的结构形式，其学习规则体现在权值和阈值的调
节规则上，采用的是误差反向传播算法（BP 算法），如图 2.2 所示。理论
证明当隐藏层神经元数目足够多时，BP 神经网络可以以任意精度逼近任何

一个具有有限间断点的非线性函数。BP 神经网络是典型的全局逼近网络，即对每一个输入/输出数据对，网络的所有参数均要调整。限于梯度下降算法的固有缺陷，标准的 BP 学习算法通常具有收敛速度慢、易陷入局部极小值等特点。

反向传播算法的核心思想是，目标函数对于某层输入的导数（或者梯度）可以通过向后传播对该层输出或下一层输入的导数求得。反向传播算法可以重复地通过多层神经网络的每一层传播梯度，从该多层神经网络的最顶层的输出，即该网络产生预测的那一层，一直到该多层神经网络的最底层，即接受外部输入的层，一旦目标函数对关于每层输入的导数求解完，就可以求解每一层上面的目标函数对权值的梯度。

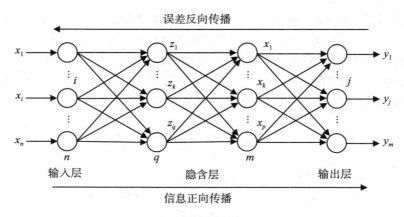

图 2.2　BP 神经网络结构图

3. RBF 神经网络

RBF（Radial Basis Function，径向基函数）神经网络是以函数逼近理论为基础而构造的一类前馈网络，以径向基核函数作为激活函数，其学习规则等价于在多维空间中寻找训练数据的最佳拟合平面，每个隐藏层神经元激活函数都构成了拟合平面的一个基函数。径向基函数网络是一种局部逼近网络，即对于输入空间的某一个局部区域只存在少数的神经元用于决定网络的输出，规模较大，但学习速度较快，并且网络的函数逼近能力、模式识别与分类能力都优于 BP 神经网络（Broomhead D S 和 Lowe D，1988），如图 2.3 所示。

4. Hopfield 神经网络

Hopfield 神经网络（Hopfield Neural Network，HNN）是由非线性元件构

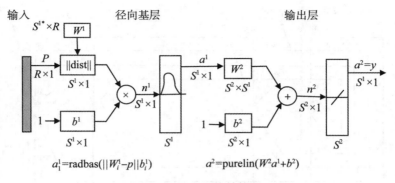

图 2.3　RBF 网络结构图

成的单层反馈系统，按照能量函数递减的方式演化，属于对称连接网络。其所有节点都是一样的，可以相互连接，用于处理双极型离散数据。如图 2.4所示，每一个神经元都与其他神经元相互连接，每个神经元都在充当所有角色，训练前的每一个节点都是输入神经元，训练阶段是隐神经元，输出阶段则是输出神经元。从系统观点来看，反馈网络是一个非线性动力学系统，具有一般非线性动力学系统的性质。网络经过训练后处于等待工作状态，给定初始输入 x 进入初始状态，由初始状态开始运行，可以得到当前时刻网络的输出状态，通过反馈作用可得到下一时刻网络的输入信号，再由新输入信号作用于网络得到下一时刻的输出状态，将该输出反馈到输入端形成新的输入信号，经过多次循环反馈运行直至达到稳定状态，由输出端得到网络的稳态输出。Hopfield 神经网络很难避免伪状态的出现，且权值容易陷入局部极小值，无法收敛于全局最优解。

BP 网络和 RBF 网络都属于前馈神经网络，Hopfield 网络属于反馈神经网络，它们之间的区别在于：①前馈神经网络取连续或离散变量，一般不考虑输出与输入在时间上的滞后效应，只表达输出与输入的映射关系；反馈神经网络考虑输出与输入之间在时间上的延迟，需要用动态方程来描述神经元和系统的数学模型。②前馈神经网络的学习主要采用误差修正法，计算过程比较慢，收敛速度也较慢；反馈神经网络计算和收敛速度快，与电子电路存在明显的对应关系，使得网络易于硬件实现。

5. 循环神经网络

循环神经网络（Recurrent Neural Network，RNN）是具有时间联结的前馈神经网络，网络隐藏层之间的节点是有连接的，并且隐藏层的输入不仅包

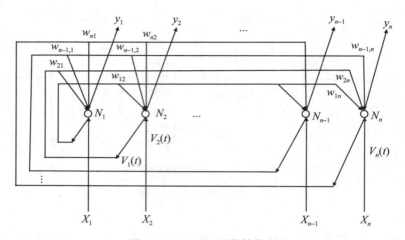

图 2.4　Hopfield 网络结构图

括输入层的输出还包括上一时刻隐藏层的输出，将前面的输出应用于当前输出的计算中，即输入顺序将会影响神经网络的训练结果。理论上，RNN 能够对任何长度的序列数据进行处理。RNN 存在的问题是梯度消失或梯度爆炸，即信息会随时间迅速消失。RNN 网络结构如图 2.5 所示。

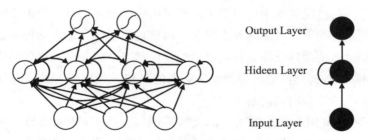

图 2.5　RNN 网络结构

　　RNN 隐藏层能够看到上一刻的隐藏层的输出，其原理如下：设网络在 t 时刻接收到的输入为 X_t，隐藏层的值是 h_t，则输出 O_t 的值不仅仅取决于 X_t，还取决于 h_{t-1}，用公示表示为：

$$O_t = g(V_{h_t}) \tag{2.1}$$

$$h_t = f(U_{X_t} + W_{h_{t-1}}) \tag{2.2}$$

　　式（2.1）是输出层的计算公式，输出层是一个全连接层，即每个节点都和隐藏层的节点相连，V 是输出层的权重矩阵，g 是激活函数。式（2.2）

是隐藏层的计算公式，是循环层，f 是激活函数，U 是输入 X 的权重矩阵，W 是上一次的值 h_{t-1} 作为这一次输入的权重矩阵。从上面的公式可以看出，循环层和全连接层的区别就是循环层多了一个权重矩阵 W。反复把式（2.2）代入式（2.1），可以推导出神经网络的输出值，是受前面历次输入值 X_t、X_{t-1}、X_{t-2}、X_{t-3}…的影响，这就解释了循环神经网络可以往前看任意多个输入的原因，如图 2.6 所示。

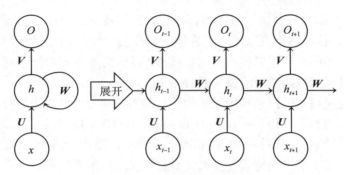

图 2.6　RNN 原理图

RNN 的扩展算法包括：

①外部记忆，RNN 在处理长序列时有信息过载的问题，例如对编码器-解码器结构，编码器末端的输出可能无法包含序列的全部有效信息。可以通过注意力和自注意力（Self-attention）机制将信息保存在外部记忆（External Memory）中，在需要时再进行读取，以提高 RNN 的网络容量。在 RNN 框架下使用注意力机制的例子包括 Hopfield 神经网络、神经图灵机（Neural Turing Machine，NTM）（Graves A 等，2014）等。

②与卷积神经网络相结合，RNN 与卷积神经网络相结合的常见例子是循环卷积神经网络（Recurrent CNN，RCNN）。RCNN 将卷积神经网络的卷积层替换为内部具有递归结构的循环卷积层（Recurrent Convolutional Layer，RCL），并按前馈连接建立深度结构（Liang M 和 Hu X，2015）。除 RCNN 外，RNN 和卷积神经网络还可以通过其他方式相结合，例如使用卷积神经网络在每个时间步长上对序列化的格点输入进行特征学习，并将结果输入 RNN（Kim Y 等，2016）。

③扩展为递归神经网络和图网络，RNN 按序列演进方向的递归可以被扩展到树（tree）结构和图（graph）结构中，得到递归神经网络（Recursive Neural Network，RecNN）和图网络（Graph Network，GN）。

6. 递归神经网络

递归神经网络是具有树状阶层结构且网络节点按其连接顺序对输入信息进行递归的人工神经网络，是深度学习（Deep Learning）算法之一。递归神经网络于 1990 年提出，被视为 RNN 由链式结构向树状结构的推广，当递归神经网络的每个父节点都仅与一个子节点连接时，其结构等价于全连接的循环神经网络。递归神经网络可以引入门控机制（Gated Mechanism）以学习长距离依赖。递归神经网络具有可变的拓扑结构且权重共享，被用于包含结构关系的机器学习任务，在自然语言处理领域受到关注（Pollack J B，1990）。递归神经网络可以使用监督学习和非监督学习理论进行训练。在监督学习时，递归神经网络使用反向传播 BP 算法更新权重参数，计算过程可类比循环神经网络的随时间反向传播（BP Through Time，BPTT）算法。非监督学习的递归神经网络被用于结构信息的表征学习，其中最常见的组织形式是递归自编码器（Recursive Auto-Encode，RAE）（Li P 等，2013）。

递归神经网络的结构和原理如图 2.7 所示，输入为两个（或多个）子节点，输出是子节点编码后产生的父节点，父节点的维度和子节点相同。设 c_1 和 c_2 分别是表示两个子节点的向量，p 是表示父节点的向量。子节点和父节点组成一个全连接神经网络，也就是子节点的每个神经元都和父节点的神经元两两相连。用 d 表示每个节点的维度，矩阵 W 表示子节点和父节点全连接上的权重，其维度为 $d \times 2d$，则父节点的计算公式为：

$$p = g\left(W \begin{bmatrix} c_1 \\ c_2 \end{bmatrix} + b \right) \tag{2.3}$$

式中，g 为激活函数，b 为偏置项，是一个维度为 d 的向量。

将由式（2.3）产生的父节点的向量和其他子节点的向量再次作为网络的输入，则再次产生它们的父节点。如此递归下去，直至整棵树处理完毕，最终得到根节点的向量，可以认为这是对整棵树的表示，这样就通过 RecNN 实现了把树映射为一个向量。

7. LSTM 神经网络

LSTM（Long Short-Term Memory，长短时记忆）神经网络作为效果比较好的递归神经网络，对长时间序列问题具有很好的解决能力。原始 RNN 的隐藏层只有一个状态，即 h，它对于短期的输入非常敏感，LSTM 网络增加一个状态 c 来保存长期的状态，通过引进"门"和定义明确的记忆单元来对抗梯度弥散/爆炸问题。门控算法的遗忘门/更新门可以有选择地丢弃信息，减缓循环单元的饱和速度，以克服循环神经网络的缺陷。相较生物学，它更多受到电路学的启发，每个神经元有一个记忆单元和输入、输出、遗忘

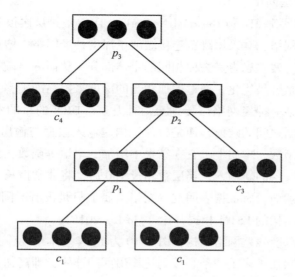

图 2.7 RecNN 结构图

三个门。门的作用是通过阻止和允许信息的流动来实现对信息的保护，输入门决定前一层的信息有多少能够存储在当前单元内；输出门决定了后一层能够在当前单元中获取多少信息；遗忘门决定了丢弃当前层的多少信息。如图 2.8 所示，左侧为遗忘门限层，中间为输入门限层，右侧为输出门限层。

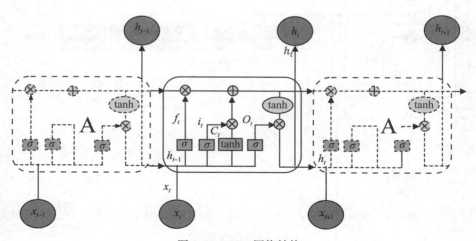

图 2.8 LSTM 网络结构

8. 深度残差网络

深度残差网络（Deep Residual Networks，DRN）是层次很深且具有残差块的前馈神经网络，其采用跳跃连接缓解了深度神经网络中增加深度带来的梯度消失问题。残差思想是去掉相同的主体部分，从而突出微小的变化。残差网络的特点是容易优化，通过增加相当的深度来提高准确率，采用跳跃连接实现信息从某一神经网络层传递至后面几层。DRN 的目的不是寻找输入数据与输出数据之间的映射，而是致力于构建输入数据与输出数据+输入数据之间的映射函数。本质上，它在结果中增加一个恒等函数，并与前面的输入一起作为后一层的新输入，当层数超过 150 后，将非常擅长于学习数据所蕴含的模式。然而，有证据表明这些网络本质上只是没有时间结构的 RNN，通常与没有门结构的 LSTM 相提并论（He K，2016）。

图 2.9 为深度残差网络结构，图 2.10 为 DRN 基本单元，其和常规神经网络最大的不同在于多了一条直接到达输出前的连线，即高速公路。该网络的工作原理为，初始输入 x，按照常规的神经网络进行权值叠加然后通过激活函数，再次权值叠加后，将输入值和前面的输出值叠加，然后通过激活函数。在图 2.10 中，$F(x)$ 为残差，x 为拟合函数，$H(x)$ 是要拟合的具体数据，DRN 网络通过训练使拟合值加上 $F(x)$ 得到具体数据值。

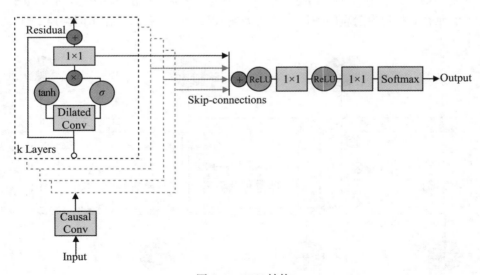

图 2.9　DRN 结构

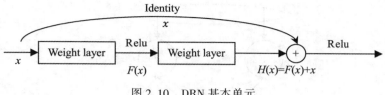

图 2.10　DRN 基本单元

9. 极限学习机

极限学习机（Extreme Learning Machines，ELM），是一类具有随机选择隐藏节点进行连接的前馈神经网络，是对 FNN 及其反向传播算法的改进，目的是提升其学习效率并简化学习参数的设定。ELM 除了循环特征和脉冲性质外，其特点是隐含层节点的权重为随机或人为给定的，且不需要更新，学习过程仅计算输出权重。ELM 的结构和原理如图 2.11 所示。先给权重设定随机值，然后根据最小二乘法或其他方法拟合一次性训练权重，使在所有函数中误差最小，所以 ELM 的函数拟合能力较弱，但其运行速度比反向传播要快很多（Cambria E 等，2013）。传统的 ELM 具有单隐含层，与其他浅层学习系统相比，在学习速率和泛化能力方面具有一定的优势。ELM 的一些改进版本通过引入自编码器构筑或堆叠隐含层获得了深度结构，能够进行表征学习（Huang G B 等，2006；Kasun L L C 等，2013；Tang J 等，2015；Huang G 等，2014）。

10. LSM 液态机

液态机（Liquid State Machines，LSM）（Maass W 等，2002）是一种特殊的脉冲神经网络（Spiking Neural Networks），由大量的神经元组成，每个节点接收来自外部源和其他节点的输入，输入随时间而变化，节点间是随机连接的。在液态机中，用阈值激活函数（Threshold Functions）取代了 Sigmoid 激活函数，只有当液态机达到阈值水平时，一个特定的神经元才会发出输出。每个神经元是具有累加性质的记忆单元，当神经元状态更新时，其值不是相邻神经元的累加值，而是它自身状态值的累加。一旦累加到阈值，就释放能量至其他神经元，这就形成了一种类似于脉冲的模式，即神经元在到达阈值之前不会进行任何操作，直至达到阈值才会被激发。LSM 结构如图 2.12 所示。

11. 神经图灵机

神经图灵机（Neural Turing Machines，NTM）通过与外部存储的交互，扩展了标准神经网络的能力，包括两部分：神经网络控制器和记忆库，如图

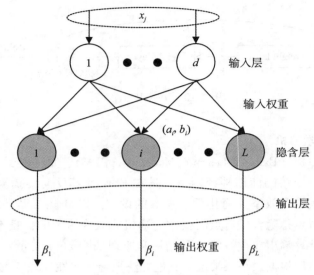

图 2.11　ELM 结构和原理

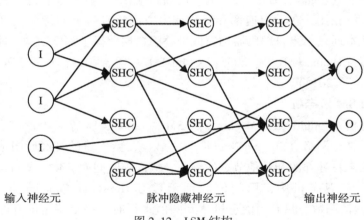

图 2.12　LSM 结构

2.13 所示。控制器通过输入和输出向量与外界进行交互，记忆库通过和隐藏层的交互来执行选择性读写操作。NTM 不是把记忆单元设计在神经元内，而是分离出来，设计成可作内容寻址的记忆库，并让神经网络对其进行读写操作。借此将常规信息存储的高效性、永久性与神经网络的效率及函数表达能力相结合。神经图灵机名称中的"图灵（Turing）"是表明它是图灵完备（Turing complete）的，即具备基于它所读取的内容来读取、写入、修改状态的能力，也就是能表达一个通用图灵机所能表达的一切（Graves A 等，2014）。NTM 可以理解为对 LSTM 的抽象，它试图把神经网络去黑箱化，以窥探其内部发生的细节。

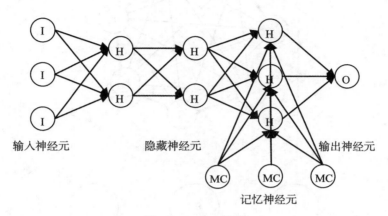

图 2.13 NTM 结构

12. 玻尔兹曼机

玻尔兹曼机（Boltzmann Machines，BM）是一种随机神经网络，借鉴了模拟退火思想，通过让每个单元按照一定的概率分布发生状态变化，来避免陷入局部最优解，从而克服 Hopefield 网络的缺陷。该网络激活函数的激活受全局温度的控制，如果全局温度降低，那么神经元的能量也会相应地降低，能量上的降低导致了激活模式的稳定。在正确的温度下，网络会达到一个平衡状态，即真正意义上的收敛。BM 包含输入节点和隐藏节点，一旦所有隐藏节点的状态发生改变，输入节点就会转换为输出节点。如图 2.14 所示为一个玻尔兹曼机，其灰色节点 h 为隐藏层，白色节点 V 为输入层（Hinton G E 和 Sejnowski T J，1986）。

受限玻尔兹曼机（Restricted Boltzmann Machines，RBM）是玻尔兹曼机的变种，是在 BM 中加入了限制，将完全图变成了二分图，即由一个可视层和一个隐藏层构成，可视层与隐藏层的神经元之间为双向全连接，层内部没有连接。加入限制是为了让模型训练更有效。图 2.15 为 RBM，h 表示隐藏层，V 表示可视层，两个相连的神经元之间有一个权值 w 表示其连接强度，每个神经元自身有一个可视层神经元的偏置系数 b 和隐藏层神经元的偏置系数 c 来表示其自身权重。

玻尔兹曼机和递归神经网络相比，二者的区别体现在：

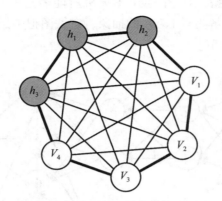

图 2.14　BM 网络结构

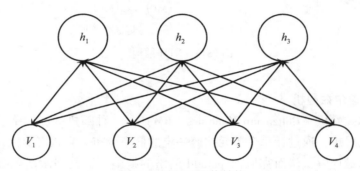

图 2.15　RBM 网络结构

　　①递归神经网络的本质是学习一个函数，因此有输入和输出层的概念，而玻尔兹曼机是学习一组数据的"内在表示"，因此其没有输出层的概念。

　　②递归神经网络各节点链接为有向环，而玻尔兹曼机各节点连接成无向完全图。

　　随机神经网络与其他神经网络相比有两个主要区别：

　　①在学习训练阶段，随机网络不像其他网络那样基于某种确定性算法调整权值，而是按某种概率分布进行修改。如 Hopfield 网络的权值用某种方法一步确定，而玻尔兹曼机像 BP 网络一样，每训练一次，权值改变一次。

　　②在预测阶段，随机网络不是按某种确定性的方程进行状态演变，而是按某种概率分布决定其状态的转移。神经元的净输入不能决定其状态取 1 还是取 0，但能决定其状态取 1 还是取 0 的概率。Hopfield 网络后一状态的值由前一状态决定，玻尔兹曼机后一状态的值受到前一状态影响。

③BP 算法通过不断调整网络参数使其误差函数按梯度单调下降，而反馈网络（如 Hopfield 神经网络）通过动态演变过程使误差函数沿着梯度单调下降，两种方法都会导致网络落入局部极小点而达不到全局最小点，对于 BP 网局部极小点意味着训练可能不收敛，对于 Hopfield 网则得不到期望的最优解。导致这两类网络陷入局部极小点的原因是，网络的误差函数是具有多个极小点的非线性空间，而所用的算法却一味地追求网络误差的单调下降，算法赋予网络的是只会"下坡"而不会"爬坡"的能力。随机网络可赋予网络既能"下坡"也能"爬坡"的本领，因而能有效地克服上述缺陷。

13. 深度置信网络

深度置信网络（Deep Belief Network，DBN）是一个概率生成模型，由随机变量构成有向无环图，其由多个受限玻尔兹曼机层组成。DBN 主要解决两个问题，一个是推理的问题——推断未观测的状态变量，另一个是学习的问题——调整变量之间的相互作用使网络更容易生成训练数据。与传统的判别模型神经网络不同，生成模型建立观察数据和标签之间的联合分布，对 P（Observation | Label）和 P（Label | Observation）都做了评估，而判别模型仅评估 P（Label | Observation）。可以先使用无监督算法调用 DBN，它首先进行学习而不需要任何监督，DBN 中的层起着特征检测器的作用。经过无监督训练后，可以用监督方法训练模型进行分类。图 2.16 为 DBN 网络结构图，网络被"限制"为一个可视层和一个隐层，层间存在连接但层内的单元间不存在连接，隐藏层单元被训练去捕捉在可视层表现出来的高阶数据的相关性。

反向传播被认为是人工神经网络的标准方法，在处理数据后，计算每个神经元的误差贡献。但是，反向传播也存在一些很明显的问题：①需要标注数据；②学习的延展性不好，在具有多个隐藏层的网络中其学习时间非常慢；③局部最优解问题。为了克服反向传播的局限性，考虑使用无监督学习方法，以保持使用梯度法调整权重的效率和简单性，通过调整权重来使得生成模型的输入概率最大化。

14. 生成对抗网络

生成对抗网络（Generative Adversarial Networks，GANs）根据学习所提供的样本生成类似的新样本，与传统判别网络模型的不同是其目标在于生成。GANs 一般由两个网络组成，生成模型网络和判别模型网络，如图 2.17 所示。生成模型 G 捕捉样本数据的分布，用服从某一分布的噪声 Z 生成一个类似真实训练数据的样本，追求效果是越接近真实样本越好；判别模型 D 是一个二分类器，估计一个样本来自于训练数据而非生成数据的概率。训练

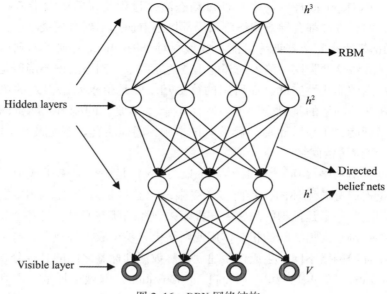

图 2.16　DBN 网络结构

过程中固定一方更新另一方的网络权重，交替迭代，双方都极力优化自己的网络，从而形成竞争对抗，直到双方达到一个动态的平衡（纳什均衡），此时生成模型 G 恢复了训练数据的分布，生成和真实数据一模一样的样本，判别模型再也判别不出真伪，准确率为 50%。因为判别网络的准确率被用作生成网络误差的一部分，这就形成了一种竞争，鉴别网络越来越擅长于区分真实的数据和生成数据，而生成网络也越来越善于生成难以预测的数据。这种方式非常有效，即便相当复杂的类噪音模式最终都是可预测的，但跟输入数据有着极为相似特征的生成数据则很难区分（Goodfellow I J 等，2014）。

15. 自组织网络

自组织网络（Kohonen Network，KN），又称为自组织特征映射（Self-Organizing Feature Map，SOFM）网络（Kohonen T，1982），是由全互连的神经元阵列组成的自组织学习网络，自组织特征映射过程通过竞争学习（而不是纠错学习）完成。同层神经元之间互相竞争，获胜的神经元修改与其相连的连接权值，网络根据输入样本的特性进行自组织映射，从而对样本进行自动排序和分类。处于空间中不同区域的神经元有不同的分工，当一个神经网络接受外界输入模式时，将会分为不同的反应区域，各区域对输入模式

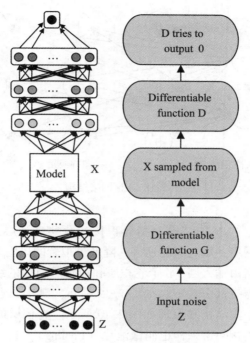

图 2.17　GANs 网络结构

具有不同的响应特征，在输出空间形成一张映射图，映射图中功能相同的神经元靠得较近，功能不同的神经元分得较远，自组织特征映射网络也由此得名。KN 是一种无监督算法，也可以认为是一种降维方法，当数据分散在多个维度，而希望只有一个或两个维度时，KN 非常有用。它在模式识别、联想存储、样本分类、优化计算、机器人控制等领域中得到广泛应用。KN 网络结构如图 2.18 所示。

16. 卷积神经网络

卷积神经网络（Convolutional Neural Networks，CNN）是一类包含卷积运算且具有深度结构的前馈神经网络，是深度学习的重要和代表算法之一。卷积神经网络具有表征学习（Representation Learning）能力，能够按其阶层结构对输入信息进行平移不变分类，因此也被称为平移不变人工神经网络（Shift-Invariant Artificial Neural Networks，SIANN）（Gu J 等，2015；Zhang W，1988）。CNN 的一个卷积层通常包含若干个特征平面（FeatureMap），每个特征平面由一些矩形排列的神经元组成，同一特征平面的神经元共享权值——卷积核；卷积核一般以随机小数矩阵的形式初始化，经过训练过程学

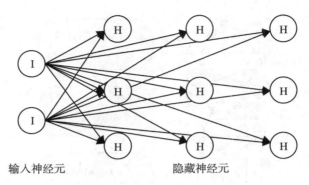

图 2.18　KN 网络结构

习到合理的权值。CNN 的特点包括卷积核参数共享和层间连接的稀疏性，其意义在于减少网络各层之间的连接，降低过拟合的风险。

卷积神经网络由输入层、n 个卷积层和池化层组成的组合层、全连接的多层感知机分类器三部分构成，如图 2.19 所示。其中，卷积层和子采样层构成特征抽取器，其结构和原理如图 2.20 所示。卷积层的一个神经元只与部分邻层神经元连接，子采样也叫做池化（Pooling），卷积和子采样大大简化了模型复杂度，减少了模型的参数。

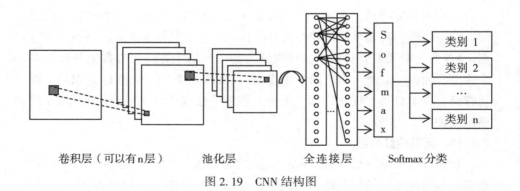

图 2.19　CNN 结构图

CNN 的隐藏层包括卷积和池化，第一步是输入图像；第二步是采用可训练的卷积滤波器 f_{cn} 去卷积输入图像，加一个偏置 b_n，得到卷积后的特征图层 C_n；第三步采用最大或平均池化对 C_n 层进行池化，通过标量 W_{n+1} 加权，增加偏置 b_{n+1}，再通过激活函数，输出缩小特定倍数的特征映射图 F_{n+1}。

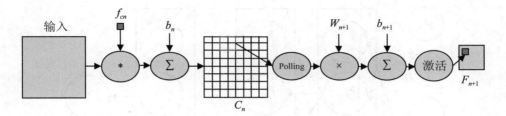

图 2.20　CNN 中的隐藏层

卷积神经网路的详细内容参加第 3 章。

2.2　神经网络工作原理

最简单的神经网络是对输入数据 X 进行加权求和，经激活函数输出数据，如图 2.21 所示，其学习过程就是寻找最合适的加权方式以最大化输出值 Y 的期望，即最小化损失函数。用公示表示为：

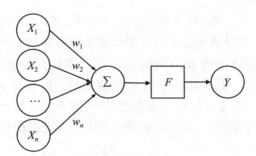

图 2.21　单个神经元

$$Y = F_W(X) = F(\langle X, W \rangle + b) \tag{2.4}$$

式中，W 为权重，b 是偏置，$\langle X, W \rangle$ 表示向量 X 和 W 的内积，即加权求和（或者回归），F 是激活函数，一般为非线性函数，可以理解是为了达成目标而做的调整。

在多层神经网络中，如图 2.22 所示，1，2，…，n 为隐藏层，设其输出值为 $Z_n(X)$，则第一层的输出值为：

$$Z_1(X) = F[W_{11}X \quad W_{12}X \cdots \quad W_{1i}X] \tag{2.5}$$

第 n 层输出值为：

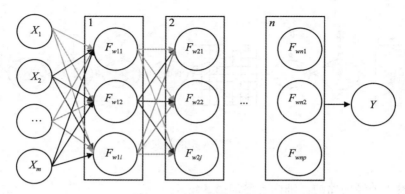

图 2.22　神经网络工作原理

$$Z_n(X) = F\left[\ W_{n1}\ Z_{n-1}\quad W_{n2}\ Z_{n-1}\cdots\quad W_{np}\ Z_{n-1}\right] \tag{2.6}$$

将式（2.5）代入式（2.6），加上偏置，经过迭代后得到输出值 Y 为：

$$Y = F\left(\begin{pmatrix} W_{11}\ X_1 + W_{12}\ X_2 + \cdots + W_{1i}\ X_m + b_1 \\ W_{21}\ X_1 + W_{22}\ X_2 + \cdots + W_{2j}\ X_m + b_2 \\ \vdots \qquad \vdots \qquad\qquad \vdots \quad \vdots \\ W_{n1}\ X_1 + W_{n2}\ X_2 + \cdots + W_{np}\ X_m + b_n \end{pmatrix}\right) \tag{2.7}$$

训练过程中采用激活函数进行了类似核函数分解的非线性变换，不同层神经元从不同角度逐步提取出数据的特征。常用激活函数包括 Sigmoid、tanh、ReLU 函数等。Sigmoid 函数属于 S 型函数，也称作 Logistic 函数，将输入数据映射到（0，1）区间，常用于二分类。该函数平滑、易于求导，但计算量大，反向传播时，易于出现梯度消失无法完成训练的情况。

$$S(x) = \frac{1}{1 + \mathrm{e}^{-x}} \tag{2.8}$$

ReLU 函数实质是正向激励，将负向信息转变为 0，产生稀疏矩阵，降低计算复杂度。

$$f(x) = \max(0,\ x) \tag{2.9}$$

2.3　神经网络训练和优化

2.3.1　神经网络优化方法

神经网络的优化一般应从以下几个方面着手：

①滤波器数量：由于特征映射的大小随着深度而减小，因此输入附近的层将趋向于具有更少的滤波器，而较高层可以具有更多的滤波器。为了均衡每个层的计算，特征和像素位置乘积在层之间保持大致恒定。保存关于输入的更多信息需要保持从一层到下一层的函数总数（特征映射的数量乘以像素位置的数量）不变。特征映射的数量直接控制容量，并且取决于可用实例的数量和任务复杂度。

②滤波器形状：文献中常见的滤波器形状变化很大，通常是基于数据集选择的。因此，挑战在于找到合适的粒度级别，以便在给定特定数据集的情况下以适当的规模创建抽象。

（3）Pooling 池化形状

池化器典型值是 2×2，在较低层非常大的输入量可以采用 4×4 池化。选择更大的形状将极大地减少信号的维数，但可能导致过量的信息损失。通常，非重叠池化窗口的性能最好（Scherer D 等，2010）。

1. 正则化方法

正则化是引入附加信息来解决神经网络模型的不适定问题（Ill-posed Problem）或防止模型过度拟合（Overfitting）（表现为高方差）的方法。正则化通过降低模型复杂度来减少过度拟合，在 Cost 函数中加入正则化项，为了使 Cost 变小，正则项也要更小，如此就降低了模型复杂度。正则化网络更倾向于小的权重，在权重小的情况下，数据随机的变化不会对神经网络的模型造成太大的影响，所以受到数据局部噪音影响的可能性更小。CNN 使用各种类型的正则化，主要包括 L1 正则化和 L2 正则化。

L1 正则化使参数个数最小部分权重为 0，产生稀疏矩阵。L2 正则化使参数值尽可能小（接近 0 但不为 0）。在分类或预测时，很多特征难以选择，如果代入稀疏矩阵（L1 正则化），矩阵中大部分值是 0 或是很小值，能够筛选出少数对目标函数有贡献的特征，去掉绝大部分贡献很小或没有贡献的特征。只需要关注系数是非零值的特征，从而达到特征选择和解决过拟合的问题。

Lp 正则化在定义损失函数时加入隐含层参数以约束神经网络的复杂度。

$$L(X, Y, \omega) = L(X, Y, \omega) + \lambda \sum || \omega ||^p \qquad (2.10)$$

式中，$L(X, Y, \omega)$ 为损失函数，$\lambda \sum || \omega ||^p$ 为正则化项，λ 是正则化参数，用以确定正则化项的约束力。当 $p \geq 1$ 时，正则化项是凸函数（Convex Function）（Hinton G E 等，2012）；当 $p = 2$ 时，为 L2 正则化，即 Tikhonov 正则化（Tikhonov Regularization）；当 $p < 1$ 时，正则化项不是凸函

数，Lp 正则化有利于卷积核权重的稀疏化。

2. 批归一化方法

批归一化，是通过减少内部协变量移位来加速深度神经网络训练的方法。最初由 Ioffe 和 Szegedy（2015）提出，后来 Ioffe（2017）提出批重归一化，扩展了以前的方法。Ba 等（2016）提出了层归一化，特别是针对 RNN 的深度神经网络加速训练，解决了批归一化的局限性。

3. Dropout 方法

（1）Dropout

随机失活（Dropout）是一种神经网络模型平均正则化方法，在训练过程中，它会从神经网络中随机抽取出单元和连接。由于全连接层占据了大部分参数，因此容易出现过拟合。一种减少过拟合的方法是使部分参数随机失活（Dropout）（Srivastava N 等，2014；Carlos E. Perez，2018）。Dropout 减少过拟合的原理是，每次丢掉一定比例隐藏层神经元，相当于在不同的神经网络上进行训练，减少了神经元之间的依赖性，使神经网络可以学习到与其他神经元之间更加健壮的特征。Dropout 不仅减少过拟合，还能提高准确率。Dropout 网络不依赖于任何一个特征，因为该特征可能随时被清除，所以任何一个输入不会加上太多权重，因此该单元将通过这种方式积极地传播开，并为单元的输入增加一点权重。通过传播所有权重，Dropout 将产生收缩权重的平方范数的效果，类似 L2 正则化。实施 Dropout 的结果会压缩权重，并完成一些预防过拟合的外层正则化。

Dropout 实现过程：

①首先依据概率随机删除掉隐藏层部分神经元。

②在剩下的神经元上正向和反向更新权重和偏置。

③恢复之前删除的神经元，重新依据概率随机删除部分神经元，再进行正向和反向更新权重和偏置。

④重复上述过程。经过 Dropout 得到的神经网络，其中的每个神经元都是在部分神经元的基础上学习的，更新次数减少，所以学习的权重会偏大，最终需要把得到的隐藏层的权重依据概率减少。

Dropout 的优点包括：任何节点的输出的期望值都与训练阶段相同，虽然它有效地生成 2^n 神经网络，并且允许模型组合，但是在测试时，只需要测试单个网络；通过使部分节点失活减少训练量，显著提高了训练速度；对于深度神经网络，减少了节点间的相互作用，导致它们学习更健壮的特征，从而更好地推广到新的数据。Dropout 的缺点是代价函数不再被明确定义，每次迭代都会随机移除一些节点，很难计算梯度下降的性能。

（2）Maxout

Goodfellow 等（2013）提出了一种新的激活函数 Maxout，用于 Dropout，其输出是一组输入的最大值，有利于 Dropout 的模型平均。

（3）Zoneout

Krueger 等（2016）提出了循环神经网络（RNN）的正则化方法 Zoneout。Zoneout 在训练中随机使用噪音，类似于 Dropout，但保留了隐藏的单元而不是丢弃。

4. Drop Connect

随机连接失活（Drop Connect）（Wan L 等，2013）是随机失活（Dropout）的泛化，可以依据概率删除部分连接而不是输出单元，每个单元从先前层中的单元的随机子集接收输入。Drop Connect 与 Dropout 类似，因为它在模型中引入了动态稀疏性，但是不同的是，稀疏性取决于权重，而不是层的输出向量，即 Drop Connect 在训练阶段依据概率随机选择连接，从而使完全连接变为稀疏连接。在随机失活基础上的空间随机失活在迭代中会随机选取特征图的通道使其归零（Tompson J 等，2015）。在 CNN 中随机连接失活直接作用于卷积核，在迭代中使卷积核的部分权重归零（Wan L 等，2013）。随机连接失活和空间随机失活提升了神经网络的泛化能力，在学习样本不足时有利于提升学习表现。

5. 池化方法

（1）常规池化

池化是神经网络降采样操作，是对信息进行抽象的过程。池化每个特征通道单独做降采样，与基于卷积的降采样相比，不需要参数，更容易优化，全局池化更是可以大大降低模型的参数量和优化工作量。池化可以增加神经网络模型的感受野，从而提升模型的能力。常规池化方法包括平均池化（Mean Pooling）和最大池化（MaxPooling）。平均池化是计算图像区域的平均值作为该区域池化后的值；最大池化是选图像区域的最大值作为该区域池化后的值。平均池化可以保留整体数据的特征，突出背景的信息，而最大池化可以更好地保留纹理上的特征。一般池化窗口是没有重叠的，池化尺寸等于步长，即 sizeX＝stride，重叠池化是相邻池化窗口之间会有重叠区域，此时 sizeX>stride。

（2）随机池化

随机池化（Stochastic Pooling）（Zeiler M D 和 Fergus R，2013）是用随机过程代替传统的确定性池化操作，根据池化区域内的活动给出的多项式分布随机选择每个池化区域内的激活，即随机池化 P 对特征映射中的元素按照其概率值大小随机选择，元素值大的被选中的概率也大。它与超参数无关，可以与其他正则化方法相结合，如 Dropout 和数据增强。随机池化的另一种观点是等价于标准最大合并，但具有输入图像的多个副本，每个副本具有小的局部变形，这类似于输入图像的显式弹性变形（Simard P Y 等，2003）。吴晓富等（2018）在多层模型中使用随机池化，并给出了指数数量的变形。

（3）空间金字塔池化

空间金字塔池化（He K 等，2015），可以把任何尺度图像的卷积特征转化成相同维度，这不仅使得 CNN 可以处理任意尺度的图像，还可以避免 Cropping 和 Warping 操作。采用空间金字塔池化，不必进行 Cropping 和 Warping 操作，首先图像要进行卷积操作，然后通过金字塔池化转化成维度相同的特征输入到全连接层，将 CNN 扩展到任意大小。图 2.23 中上面是进行 Cropping/Warping 的卷积神经网络，下面是在卷积后增加了空间金字塔池化的卷积神经网络，可以不用对图像进行 Cropping/Warping 处理了。空间金字塔池化的思想来自 Spatial Pyramid Model，将一个 Pooling 变成多个尺度的 Pooling。图 2.24 中用不同大小池化窗口作用于卷积特征，得到 1×1、2×2、4×4 的池化结果，由于 conv5 中共有 256 个过滤器，所以得到 1 个 256 维的特征、4 个 256 维的特征和 16 个 256 维的特征，然后把这 21 个 256 维特征链接起来输入全连接层，通过这种方式把不同大小的图像转化成相同维度的特征。对于不同的图像要得到相同大小的 Pooling 结果，就需要根据图像的大小动态地计算池化窗口的大小和步长。假设 conv5 输出的大小为 $a \times a$，需要得到 $n \times n$ 大小的池化结果，则池化窗口的大小为 $cell(a/n)$，步长为 $floor(a/n)$。例如，conv5 输出的大小为 14×14，［pool 1×1］的 sizeX = stride = 14，［pool 2×2］的 sizeX = stride = 7，［pool 4×4］的 sizeX = 4，stride = 3，最后一列和最后一行特征没有被池化操作计算在内。

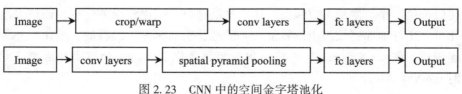

图 2.23　CNN 中的空间金字塔池化

6. 权重衰减法

权重衰减也是优化模型的一种方法，正则化的简单形式可以进行权重衰

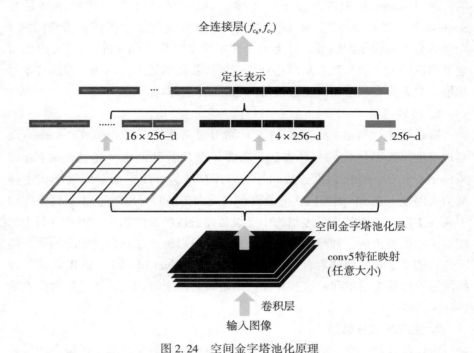

图 2.24 空间金字塔池化原理

减，将权重向量的权重和（L1 范数）或平方大小（L2 范数）成比例地附加误差添加到每个节点的误差中。通过增加比例常数降低模型复杂度，从而增加对大权重向量的惩罚。L1 与 L2 正则化，称为弹性网正则化（Elastic Net Regularization）。L1 正则化使权重向量在优化过程中变得稀疏，最终只使用其最重要输入的稀疏子集，并且对于噪声输入几乎不变性。L2 正则化可以解释为严重惩罚峰值权重向量和优选扩散权重向量。由于权重和输入之间的乘法交互作用，使其具有鼓励网络少量使用其所有输入而不是大量使用其部分输入的有用特性。Max 范数约束的正则化是对每个神经元的权重向量的大小强制一个绝对上限，并使用投影梯度下降（Projected Gradient Descent）来强制约束。在实践中，这相当于正常地执行参数更新，然后通过调整每个神经元的权重向量 w 来强制约束以满足 $\|w\|_2 < c$，c 的典型值为 3~4 阶。

7. 微调 Fine-tuning

对于训练数据很少的应用，卷积神经网络模型优化的技术是在相关域上对更大的数据集进行网络训练，待网络参数收敛后使用域内数据执行额外的训练步骤以微调网络权重。这使得卷积网络能够成功地应用于具有小训练集的问题（Maitra D S 等，2015）。微调一般用来调整卷积神经网络最后 Softmax 分类器的分类数。例如，原网络可以分类出 2 种图像，需要增加 1 个新的分类从而使网络可以分类出 3 种图像。微调（Fine-tuning）可以保留之前训练的大多数参数，从而达到快速训练收敛的效果。例如，保留各个卷积层，只重构卷积层后的全连接层与 Softmax 层即可。

8. 跳跃连接

跳跃连接（Skip Connection），又称为短路连接（Shortcut Connection），是神经网络模型优化的一种方法，来源于循环神经网络（Recurrent Neural Network，RNN）中的跳跃连接和各类门控算法，可用来缓解深度结构中梯度消失问题。在 BP 框架内，部分误差在反向传播时可以跳过 m 层直接作用于 $m-1$ 层，避免其在深度结构中逐级传播造成的梯度损失，因此有利于深度结构的误差传播。神经网络中的跳跃连接可以跨越任意数量的隐藏层。跳跃连接的多个卷积层的组合被称为残差块（Residual Block），是 ResNet 等神经网络算法的构建单元，这些神经网络也正是基于跳跃连接进行模型改进的（He K，2016）。

9. 生成新训练数据

可以通过提供更多的训练数据来优化模型，从而实现减少过拟合。对于一定规模的数据可以打乱以创建新数据，如对于图像可以不对称地裁剪获得原图像的部分数据作为新数据，进行模型的训练（Hinton G E 等，2012）。也可以采用生成对抗网络生成新的训练数据。

10. 限制参数的数量

优化模型防止过拟合的另一个简单方法是限制参数的数量，通过限制每层中的隐藏单元数量或限制网络深度实现。对于卷积网络通过限制滤波器的大小也会影响参数的数量。限制参数的数量就限制了神经网络对数据的"迎合"能力，降低了模型的复杂性，本质上相当于一个"零范数"的 L1 正则化。

2.3.2　神经网络训练算法

训练神经网络模型的算法，即无约束优化问题的优化算法，包括梯度下降算法、最小二乘法、牛顿法和拟牛顿法等。

1. 梯度下降算法

梯度下降算法（Gradient Descent Algorithm，GDA）是最常采用的神经网络模型训练算法。梯度就是采用向量形式表示的函数各变量的偏导数，简称 gradf(x, y) 或者 $\nabla f(x, y)$。点 (x_0, y_0) 的梯度向量为 $\left(\dfrac{\partial f}{\partial x_0}, \dfrac{\partial f}{\partial y_0}\right)^T$ 或者 $\nabla f(x_0, y_0)$。梯度本质上表示函数变化增加最快的地方,沿着梯度向量的方向更容易找到函数的最大值,而沿着梯度向量相反的方向梯度减少最快,更容易找到函数的最小值。神经网络模型训练时,通过梯度下降法一步步迭代求解,可以得到最小化的损失函数和模型参数值。梯度下降法和梯度上升法是可以互相转化的,当需要求解损失函数 $f(\theta)$ 的最小值时,可以用梯度下降法,也可以采用梯度上升法求解损失函数 $-f(\theta)$ 的最大值。

梯度下降法的直观的解释是,在某高处由于不知道怎么找到最低点,只能向前一步步试探,即每走到一个位置,求解当前位置的梯度,沿着梯度的负方向,也就是当前最陡峭的位置向下走一步,然后继续求解当前位置梯度,在这一步所在的位置沿着最陡峭最易下坡的位置再走一步,如此一步步走下去,一直走到最低处,可能是真正的最低处,也可能是局部的最低处。所以,梯度下降不一定能够找到全局的最优解,有可能是一个局部最优解。如果损失函数是凸函数,梯度下降法得到的解一定是全局最优解。

(1)批量梯度下降法

批量梯度下降法(Batch Gradient Descent,BGD)是梯度下降法最常用的形式,其特点是使用所有样本更新参数,准确度高,但训练速度慢。其更新公式为:

$$\theta_i = \theta_i - \eta \cdot \frac{\partial}{\partial \theta} J(\theta) = \theta_i - \eta \sum_{j=0}^{m} \left(h_\theta(x_0^j, x_1^j, \cdots, x_n^j) - y_i^j\right) x_i^j$$

$$(2.11)$$

(2)随机梯度下降法

随机梯度下降法(Stochastic Gradient Descent,SGD)与批量梯度下降法原理相似,区别是采用一个样本 j 而不是所有样本数据来求梯度,所以训练速度要快得多,但一次迭代一个样本,方向变化大、收敛效果差。其更新公式如下:

$$\theta_i = \theta_i - \eta \cdot \frac{\partial}{\partial \theta} J(\theta) = \theta_i - \eta \left(h_\theta(x_0^j, x_1^j, \cdots, x_n^j) - y_i\right) x_i^j \quad (2.12)$$

(3)小批量梯度下降法

小批量梯度下降法(Mini-batch Gradient Descent,MGD)是批量梯度下降法和随机梯度下降法的折中,采用样本子集来进行迭代训练,一般可取样本子集 $k = 10$,再根据需要调整 x 的值。其更新公式为:

$$\theta_i = \theta_i - \eta \cdot \frac{\partial}{\partial \theta} J(\theta) = \theta_i - \eta \sum_{j=t}^{t+k-1} (h_\theta(x_0^j, \ x_1^j, \ \cdots, \ x_n^j) - y_i) \ x_i^j$$

$$(2.13)$$

（4）动量梯度下降算法

动量梯度下降算法（Momentum Optimization，MO）参数更新时除了考虑当前梯度值，增加了积累项，即冲量，用参数 γ 控制冲量的幅度，其值接近 1，参数更新公式如式（2.14）。动量梯度下降算法比传统梯度下降算法有利于加快算法收敛，其原因在于当梯度与冲量方向一致时冲量增加，反之冲量项减少，减少了模型训练的震荡。TensorFlow 中提供了这一优化器：tf. train. MomentumOptimizer（learning_rate＝learning_rate，momentum＝0.9）。

$$\theta \leftarrow \theta - (\gamma \cdot m + \eta \cdot \nabla_\theta J(\theta)) \qquad (2.14)$$

（5）NAG 算法

NAG（Nesterov Accelerated Gradient）梯度下降算法，是 Yurii Nesterov 在 1983 年提出的对动量梯度下降算法的改进，速度更快。其变化之处在于计算"超前梯度"更新动量项，具体公式见式（2.15）。参数要沿着 $\gamma \cdot m$ 更新，计算下一位置 $\theta - \gamma \cdot m$ 的梯度，然后合并两项作为最终的更新项，其具体效果如图 2.25 所示，可以看到一定的加速效果。TensorFlow 中提供的 NAG 优化器为：tf. train. MomentumOptimizer（learning_rate＝learning_rate，momentum＝0.9，use_nesterov＝True）。

$$\theta \leftarrow \theta - (\gamma \cdot m + \eta \cdot \nabla_\theta J(\theta - \gamma \cdot m)) \qquad (2.15)$$

动量法每下降一步都是由前面下降方向的累积和当前点的梯度方向组合而成的，即每一步都要将历史梯度和当前梯度两个梯度方向合并再下降，而 NAG 算法先按照历史梯度往前走一小步，在靠前一点的位置看到梯度，再采用"超前梯度"来修正这一步的梯度方向，如此算法就有了超前的眼光。

（6）AdaGrad 算法

AdaGrad 梯度下降算法是 Duchi 在 2011 年提出的一种学习速率自适应的梯度下降算法。在训练迭代过程中，其学习速率是逐渐衰减的，经常更新的参数其学习速率衰减得更快。其更新过程如式（2.16）和式（2.17），其中 s 是梯度平方的积累量，在进行参数更新时，学习速率要除以这个积累量的平方根，其中加上一个很小值是为了防止除数为 0。由于该项是逐渐增加的，所以学习速率是衰减的。式中，$\odot$ 为元素对应乘积，即对两个张量相同位置的元素进行乘积运算。

$$s \leftarrow s + \nabla_\theta J(\theta) \odot \nabla_\theta J(\theta) \qquad (2.16)$$

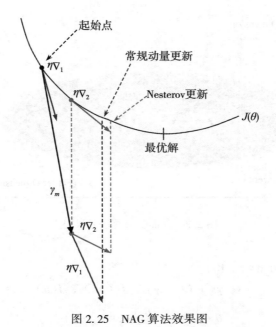

图 2.25　NAG 算法效果图

$$\theta \leftarrow \theta - \frac{\eta}{\sqrt{s + \varepsilon}} \odot \nabla_{\theta} J(\theta) \tag{2.17}$$

如图 2.26 所示，目标函数在两个方向的坡度不一样，原始的梯度下降算法在接近坡底时收敛速度比较慢，AdaGrad 算法可以改变这种情况。由于比较陡的方向梯度比较大，其学习速率将衰减得更快，这有利于参数沿着更接近坡底的方向移动，从而加速收敛。AdaGrad 的学习速率是不断衰减的，使得训练后期学习速率很小，以致训练过早停止，因此在实际中AdaGrad 一般不会被采用。TensorFlow 中提供的 AdaGrad 优化器：tf. train. AdagradOptimizer。

（7）RMSprop 算法

RMSprop 梯度下降算法是 Hinton 提出的对 AdaGrad 算法的改进，主要是解决学习速率过快衰减的问题。思路类似 Momentum 思想，引入一个超参数，积累梯度平方项进行衰减。仅对距离时间较近的梯度进行积累，其中一般取值为 0.9，实质是一个指数衰减的均值项，减少了出现的爆炸情况，因此有助于避免学习速率很快下降的问题。RMSprop 是一种比较好的优化算法，建议学习速率设置为 0.001。TensorFlow 中提供的 RMSprop 优化器：tf. train. RMSPropOptimizer（learning _ rate = learning _ rate，momentum = 0.9，

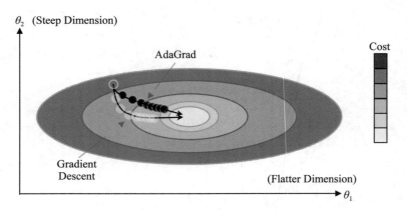

θ_2　(Steep Dimension)

AdaGrad

Gradient
Descent

(Flatter Dimension)

θ_1

Cost

图 2.26　AdaGrad 算法效果图

$\text{decay} = 0.9$，$\text{epsilon} = 1\text{e-}10$）。

$$s \leftarrow \gamma s + (1 - \gamma) \nabla_\theta J(\theta) \odot \nabla_\theta J(\theta) \tag{2.18}$$

$$\theta \leftarrow \theta - \frac{\eta}{\sqrt{s + \varepsilon}} \odot \nabla_\theta J(\theta) \tag{2.19}$$

（8）AdaDelta 算法

如图 2.27 所示，AdaDelta 梯度下降算法是 AdaGrad 算法的延伸，是为了解决 AdaGrad 中学习率不断减小的问题，与 RMSProp 算法一样，使用了小批量随机梯度 g_t 按元素平方的指数加权移动平均变量 s_t（梯度平方的累积量）。超参数（$0 \leqslant \rho < 1$）对应 RMSProp 算法中的 γ，没有学习率（步长）超参数。AdaDelta 算法与 RMSProp 算法的不同之处在于使用 $\sqrt{\Delta \theta_{t-1} + \varepsilon}$ 来替代超参数 η。优化器为：optimizer = torch. optim. Adadelta（net. parameters（），rho = 0.9）。

$$s_t \leftarrow \rho \, s_{t-1} + (1 - \rho) g_t \odot g_t \tag{2.20}$$

$$\theta_t \leftarrow \theta_{t-1} - \frac{\sqrt{\Delta \theta_{t-1} + \varepsilon}}{\sqrt{s_t + \varepsilon}} \odot g_t \tag{2.21}$$

$$\Delta \theta_t \leftarrow \rho \Delta \theta_{t-1} + (1 - \rho) \acute{g}_t \odot \acute{g}_t \tag{2.22}$$

（9）Adam 算法

Adam（Adaptive Moment Estimation）梯度下降算法是 Kingma 等在 2015 年提出的一种优化算法，其结合了 Momentum 和 RMSprop 算法的思想。相比 Momentum 算法，其学习速率是自适应的，而相比 RMSprop，其增加了动量项。公式如下面 5 个式子，可以看到式（2.23）、式（2.24）和 Momentum

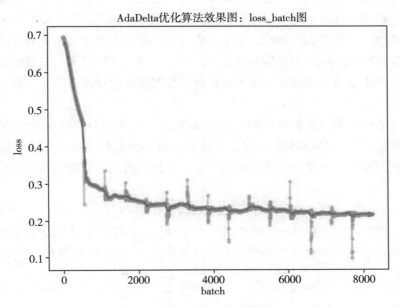

图 2.27　AdaDelta 算法效果图

和 RMSprop 是非常一致的，由于和的初始值一般设置为 0，在训练初期其可能较小，式（2.25）和式（2.26）主要是为了放大它们，式（2.27）是参数更新。其中超参数的建议值是 $\beta_1 = 0.9$，$\beta_2 = 0.999$，$\varepsilon = 1\ 10^{-8}$。TensorFlow 中提供的 Adam 优化器：tf. train. AdamOptimizer（learning_rate = 0.001，beta1 = 0.9，beta2 = 0.999，epsilon = 1e-08）。

$$m \leftarrow \beta_1 m + (1 - \beta_1) \nabla_\theta J(\theta) \tag{2.23}$$

$$s \leftarrow \beta_2 s + (1 - \beta_2) \nabla_\theta J(\theta) \odot \nabla_\theta J(\theta) \tag{2.24}$$

$$m \leftarrow \frac{m}{1 - \beta_1} \tag{2.25}$$

$$s \leftarrow \frac{s}{1 - \beta_2} \tag{2.26}$$

$$\theta \leftarrow \theta - \frac{\eta}{\sqrt{s + \varepsilon}} \odot m \tag{2.27}$$

2. 最小二乘算法

最小二乘（Least Squares Algorithm，LSA）训练算法是机器学习中一种常用算法，主要是通过最小化误差的平方和寻找数据的最佳函数匹配。最小二乘法同梯度下降算法类似，都是一种求解无约束最优化问题的常用方法。

但是与梯度下降算法不同的是，梯度下降算法是迭代求解，最小二乘算法是计算解析解；梯度下降算法需要选择步长，最小二乘算法不需要。如果样本量不算很大，且存在解析解，最小二乘算法比起梯度下降算法更有优势，计算速度也更快。但是如果样本量很大，最小二乘算法需要求一个超级大的逆矩阵，就很难或者很慢才能得到解析解，使用迭代的梯度下降算法则更有优势。

监督学习中，如果预测的变量是离散的，则称为分类（如决策树、支持向量机等），如果预测的变量是连续的，则称为回归。最小二乘算法选择的是回归模型，是使所有观察值的残差平方和达到最小。假设有一系列数据值：

$$D = \{(x_1, y_1), (x_2, x_2), \cdots, (x_n, y_n)\} \tag{2.28}$$

机器学习需要找到一个函数 $f(x)$，使得 $f(x)$ 输出尽可能与 y 相近，最小二乘算法就是让残差平方和 Q 最小时得到 $f(x)$ 的系数 a 和 b。即

$$\min Q = \min \sum_{i=1}^{n} (\hat{y}_i - y_i)^2 = \min \sum_{i=1}^{n} (f(x, a, b) - y_i)^2 \tag{2.29}$$

求解上式得到 a，b 的值即可。一般通过对下式进行求导得到 Q 值最小时的 a 和 b 的值。

$$(\sum_{i=1}^{n} (f(x, \acute{a}, b) - y_i)^2) = 0 \tag{2.30}$$

采用最小二乘进行神经网络模型的训练，就是利用模型得到方差最小的解释式，不断求解输出层的权值，进而优化神经网络模型。

3. 牛顿法/拟牛顿法

梯度下降法和牛顿法/拟牛顿法相比，两者都是迭代求解，不过梯度下降法是梯度求解，而牛顿法/拟牛顿法是用二阶的黑塞矩阵（Hessian Matrix，HM）的逆矩阵或伪逆矩阵求解。相对而言，牛顿法/拟牛顿法收敛更快，但是每次迭代的时间比梯度下降法要长。

牛顿法（Newton Method）和拟牛顿法（Quasi Newton Method，QNM）是求解无约束最优化问题的常用方法，是一种迭代算法。由于牛顿法是基于当前位置的切线来确定下一次的位置，所以牛顿法又被形象地称为"切线法"。牛顿法的基本思想是，用泰勒展开式来替代原有函数，求解目标函数的黑塞矩阵。

从本质上去看，牛顿法是二阶收敛，梯度下降是一阶收敛，所以牛顿法收敛速度更快。但牛顿法的计算量大且限制较多，为解决此问题即出现了拟牛顿法。拟牛顿法是求解非线性优化问题最有效的方法之一，其本质是改善

牛顿法每次需要求解复杂的黑塞矩阵的逆矩阵的缺陷，使用正定矩阵来近似黑塞矩阵的逆，从而简化了运算的复杂度。拟牛顿法不用二阶偏导，而是采用构造法人为地构造出近似黑塞矩阵（或其逆阵）的正定对称阵。拟牛顿法和最速下降法类似，只要求每一步迭代时知道目标函数的梯度，通过测量梯度的变化，构造目标函数的模型使之足以产生超线性收敛性。

　　梯度下降法和牛顿法/拟牛顿法相比，两者都是迭代求解，但梯度下降法是梯度求解，而牛顿法/拟牛顿法是用二阶的黑塞矩阵的逆矩阵或伪逆矩阵求解。相对而言，牛顿法/拟牛顿法收敛更快，但是每次迭代的时间比梯度下降法要长。牛顿法和拟牛顿法相比，一般拟牛顿法更有效。

第3章　卷积神经网络

3.1　卷积神经网络

3.1.1　卷积神经网络概述

卷积神经网络（Convolutional Neural Network，CNN）是一种前馈神经网络，是在至少一个层中使用卷积代替一般矩阵乘法的特殊神经网络。卷积是一种特殊的线性操作。卷积神经网络的人工神经元可以响应一部分覆盖范围内的周围单元，对于大型图像处理有出色表现。卷积神经网络由一个或多个卷积层和顶端的全连接层（对应经典的神经网络）组成，同时也包括关联权重和池化层（Pooling Layer）。卷积神经网络能够利用输入数据的二维结构，可以使用反向传播算法进行训练。与深度神经网络、前馈神经网络相比，卷积神经网络需要考量的参数更少，成为一种颇具吸引力的深度学习结构（http：//ufldl. stanford. edu/tutorial/supervised/ConvolutionalNeuralNetwork/）。

卷积神经网络是受生物学启发的多层感知器（Multilayer Perceptron，MLP）的变体，被设计成模拟视觉皮层的行为。这些模型通过利用自然图像中存在的强空间局部相关性来减轻 MLP 体系结构带来的挑战。卷积神经网络的卷积操作是对输入图像和滤波矩阵（对应一个神经元）做内积。卷积神经网络通过卷积层提取数据在空间上的特征，卷积核类似放大镜可以提取局部特征；利用汇聚层降低特征维度，汇聚层作用类似把目标放远以便发现近处看不到的信息；最后，利用全连接层汇总提取的特征（Zeiler M D 和 Fergus R，2014）。

CNN 具有以下显著特征：

（1）三维神经元体积

CNN 的层级有 3 个维度：宽度、高度和深度，一个层内的神经元只连接到该层之前的一个小区域，称为感受野。

（2）局部连接性

CNN 通过加强相邻层的神经元之间的局部连接性模式来利用空间局部性，确保学习的"过滤器"对空间局部输入模式产生最强的响应，堆叠多层使得非线性滤波器变得全局化，可以对像素空间的较大区域作出响应，即网络结构首先创建输入的局部表示，再从中组装全局表示。

（3）稀疏连接性

卷积神经网络中卷积层间的连接被称为稀疏连接（Sparse Connection），即相较于前馈神经网络中的全连接，卷积层中的神经元仅与其相邻层的部分，而非全部神经元相连。具体地，卷积神经网络第 l 层特征图中的任意一个像素（神经元）都仅是 $l-1$ 层中卷积核所定义的感受野内的像素的线性组合。卷积神经网络的稀疏连接具有正则化的效果，提高了网络结构的稳定性和泛化能力，避免过度拟合，同时，稀疏连接减少了权重参数的总量，有利于神经网络的快速学习，并在计算时减少内存开销（Goodfellow I 等，2016）。

（4）权重共享性

卷积神经网络中特征图同一通道内的所有像素共享一组卷积核权重系数，该性质被称为权重共享（Weight Sharing）。权重共享将卷积神经网络和其他包含局部连接结构的神经网络相区分，后者虽然使用了稀疏连接，但不同连接的权重是不同的。CNN 中每个滤波器都在整个视野中复制，复制单元共享相同的权重并形成特征映射，使得给定卷积层中的所有神经元在特定场内响应相同的特征，构成平移不变性。权重共享显著地减少了学习的自由参数数量，降低了运行的内存代价，并具有正则化的效果。

在全连接网络视角下，卷积神经网络的稀疏连接和权重共享可以被视为两个无限强的先验（Pirior），即一个隐藏层神经元在其感受野之外的所有权重系数恒为 0，但感受野可以在空间移动；且在一个通道内，所有神经元的权重系数相同。

（5）表征学习性

作为深度学习的代表算法，卷积神经网络具有表征学习能力，即能够从输入信息中提取高阶特征。具体地，卷积神经网络中的卷积层和池化层能够响应输入特征的平移不变性，即能够识别位于空间不同位置的相近特征。

（6）生物学相似性

卷积神经网络中基于感受野设定的稀疏连接有明确对应的神经科学过程——视觉神经系统中视觉皮层对视觉空间的组织（LeCun Y 和 Bengio Y，1995）。视觉皮层细胞从视网膜上的光感受器接收信号，但单个视觉皮层细胞不会接收光感受器的所有信号，而是只接收其所支配的刺激区域，即感受野内的信号。只有感受野内的刺激才能够激活该神经元。多个视觉皮层细胞通过系统地将感受野叠加，完整接收视网膜传递的信号并建立视觉空间（LeCun Y 和 Bengio Y，1995）。

3.1.2　卷积神经网络构成

卷积神经网络（CNN）由输入层、卷积层、池化层、完全连接层、归一化层（Normalization）、输出层组成，其中，卷积层、池化层、完全连接层和归一化（Normalization）层组成隐藏层，隐藏层可以不止一个（https：//cs231n. github. io/convolutional-networks/）（Scherer D 等，2010；Krizhevsky A 等，2012）。

（1）输入层

输入层是 CNN 的第一层，输入样本图像，需要规定批次大小和通道数。

（2）卷积层

卷积层对输入应用卷积运算，将结果传递到下一层。卷积模拟单个神经元对视觉刺激的响应，每个卷积神经元只处理其感受野的数据。虽然完全连接的前馈神经网络可以用于特征学习和数据分类，但是将这种结构应用于图像是不实际的，即使在浅层架构中，由于与图像相关联的输入很大，需要大量的神经元，其中每个像素都是相关的变量。例如，用于大小为 100×100 的图像的完全连接层对于第二层中的每个神经元具有 10000 权重。卷积运算减少了自由参数的数量，允许网络用较少的参数达到更深（Habibi Aghdam H 和 Jahani Heravi E，2017）。例如，不管图像大小如何，设置大小为 5×5 的平铺区域，每个区域具有相同的共享权重，只需要 25 个可学习的参数，这样，利用反向传播解决了传统多层神经网络训练中梯度消失或崩溃的问题（Exploding Gradients Problem）。

（3）池化层

池化层将一层神经元簇的输出组合成下一层单个神经元（Ciresan D C 等，2011；Krizhevsky A，2012），包括局部池化层或全局池化层。最大池化使用来自前一层神经元簇的最大值；平均池化使用来自前一层神经元簇的平均值（Mittal S，2020）。

（4）全连接层

全连接层将一层中的每个神经元连接到另一层中的每个神经元，它在原理上与传统多层感知器神经网络（MLP）相同。

（5）输出层

神经网络中的每个神经元通过对来自前一层的输入值应用激活函数计算

输出值，输出层即为经过非线性变换后得到的特征图像。

除了以上特定的层外，卷积神经网络还包括以下概念和参数：

（6）卷积核

卷积核为参与卷积扫描的图像大小，一般以 $n×n$ 阶矩阵表示。卷积层的功能是对输入数据进行特征提取，其内部包含多个卷积核，组成卷积核的每个元素都对应一个权重系数和一个偏差量，类似于一个前馈神经网络的神经元。

（7）感受野

感受野（Receptive Field，RF），指神经元的输入区域。在神经网络中，每个神经元接收来自前一层中的若干位置的输入；在完全连接的层中，每个神经元接收来自前一层的每个元素的输入；在卷积层中，神经元仅从前一层的特定子区域接收输入，典型的子区域是 $n×n$ 的方形。因此，在完全连接的层中，感受野是整个前一层，在卷积层中，感受野小于整个前一层。

（8）权重

权重向量和偏置向量被称为滤波器，表示输入的某些特征。CNN 的一个显著特征是大量神经元共享相同的滤波器，以减少内存占用。应用于网络输入值的函数由权重向量和偏置向量指定，神经网络的学习正是通过对权重和偏置的增量调整来进行的（LeCun Y，2015）。

3.1.3 卷积神经网络机理

卷积神经网络内部机理，不使用固定数字的卷积核，而是给这些核赋予参数，通过数据训练参数，使卷积核得到有用信息并在图像特征过滤中变得越来越好。此种特征学习机理使 CNN 可以自动适配新的任务，经过重新训练可以自动找出新数据中的过滤器。卷积神经网络可以同时学习多层级的核，如一个 $16×4×4$ 的核用到 $256×256$ 的图像上会产生 16 个 $253×253$（Imagesize-Kernelsize+1）的特征图（Feature Map）。即经过卷积后自动得到了 16 个有用的新特征，此特征可以作为下一个核的输入，然后将学习到的多级特征传给一个全连接的神经网络以完成最后的分类。

对于一个 $4×4$ 的 SAR 图像灰度矩阵，采用 $3×3$ 卷积核进行卷积，其过程如下：

①首先将图像矩阵边缘补 0，得到 $6×6$ 的矩阵，如图 3.1（a）所示。

②从左上角开始，取图像矩阵中以每个元素为中心大小和卷积核相同 $3×3$ 矩阵，图 3.1（a）中红色边线标出，选取的矩阵中每个元素与卷积核矩阵对应相乘求和，即

$$G_C = \sum_{i=1}^{9} (G_{\text{image}} * G_{\text{C-kernel}})_i \tag{3.1}$$

左下角像元计算卷积后的数值为-60。

$$0 * 1 + 0 * 0 + 0 * 0 + 50 * 0 + 60 * (-1) + 70 * 0 + 0 * 0 + 0 * 0 = -60 \tag{3.2}$$

用卷积核依次扫描整个图像，得到卷积后的矩阵如图 3.1（b）所示。

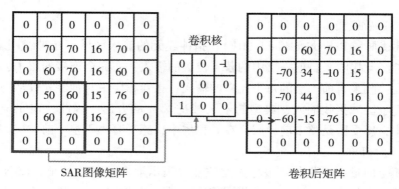

图 3.1　SAR 图像卷积计算

卷积神经网络是各种深度神经网络中应用最广泛的一种，第一个真正意义上的卷积神经网络由 LeCun（1989）提出，后来进行了改进用于手写字符的识别，是当前各种深度卷积神经网络的鼻祖。LeCun 提出的卷积神经网络采用的是 LeNet-5 网络，激活函数选用了 tanh（双曲正切）函数（LeCun Y等，1998）。

常见的卷积神经网络模型包括：

①LeNet（LeCun Y 等，1998），由 LeCun Y 提出，包括卷积、池化和全连接的 6 层网络结构，用于手写字符识别。利用反向传播算法来对隐藏层的单元权重进行训练，在每个卷积层中实现了卷积操作的权值共享，引入池化层实现了特征的缩聚，通过全连接层实现输出。

②AlexNet（Krizhevsky A 等，2012），在 LeNet 的基础上改进的神经网络，训练出一个具有 7 个隐藏层深度网络，并引入 GPU 进行并行训练，极大地提高了深度学习模型的训练效率。该网络共包含 8 层，前 5 层是卷积层，其中一部分卷积层后面连着最大池化层，最后 3 层为全连接层。采用图形处理单元进行卷积运算，采用线性整流函数 ReLU 作为激活函数，用 Dropout 来减少过拟合。

③VGGNet（Simonyan K 和 Zisserman A，2014），是一个非常深的卷积神经网络，共包括 16 层，与 AlexNet 类似仅有 3×3 卷积核，但有许多滤波器，是目前用于从图像中提取特征的最为主流的方法。

④GoogLeNet（Szegedy C 等，2014），其灵感来源于较为久远的 LeNet，但在其基础上又利用 Inception 模块。模型在同一层使用不同大小的卷积核，连接它们的输出，再堆叠类似模块，保证了同一图像的信息可以在不同尺度范围内传播。

⑤ResNet（He K 等，2016），残差神经网络具有显著的批量标准化（Batch Normalization）和跳跃连接特征，跳跃连接指的是网络中的信息通过跳过某些层而传输，是通过残差块实施的；另一种类似于残差网络架构的方法被称为高速公路网络（Highway Networks）。

⑥Iandola 等（2016）提出了一个小型的 CNN 架构，叫 SqueezeNet。Dai 等（2017）提出了对 Inception-ResNet 的改进。Redmon 等（2015）提出了一个名为 YOLO（You Only Look Once）的 CNN 架构，用于均匀和实时的目标检测。Gehring 等（2017）提出了一种用于序列到序列学习的 CNN 架构。Bansal 等（2017）提出了 PixelNet，使用像素来表示。

3.1.4 卷积神经网络的发展和应用

1. CNN 的发展

CNN 的发展和创新一般从参数优化、正则化、结构重组、处理单元的重构和新模块的设计等方面展开，通过深度和空间相结合实现。大多数新架构都是基于 VGG 引入的简单原则和同质化拓扑构建的。根据架构修改的类型，CNN 可以大致分为 7 类：基于空间利用、深度、多路径、宽度、通道提升、特征图利用和注意力的 CNN（Khan A 等，2020）。

（1）基于空间利用的 CNN

CNN 有大量参数，如处理单元数量、层数、滤波器大小、步幅、学习率和激活函数等。由于 CNN 考虑输入像素的邻域，可以使用不同大小的滤波器来探索不同级别的相关性。因此，在 2000 年初，研究人员利用空间变换来提升性能，此外，还评估了不同大小的滤波器对网络学习率的影响。不同大小的滤波器封装不同级别的粒度，通过调整滤波器大小，CNN 可以在粗粒度和细粒度的细节上表现更优。

（2）基于深度的 CNN

网络深度在监督学习的成功中起了重要作用，随着深度的增加，CNN 网络可以通过大量非线性映射和改进的特征表示更好地逼近目标函数。Csáji

（2001）表示了通用近似定理，指出单个隐藏层足够逼近任何函数，但这需要指数级的神经元，因而通常导致计算上行不通。在这方面，Bengio 和 Delalleau（2011）认为更深的网络有潜力在更少的成本下保持网络的表现能力。Bengio 等（2013）通过实证表明，对于复杂的任务，深度网络在计算和统计上都更有效。在 2014-ILSVR 竞赛中表现最佳的 Inception 和 VGG 则进一步说明，深度是调节网络学习能力的重要维度。

（3）基于多路径的 CNN

深度 CNN 为复杂任务提供了高效的计算和统计，但更深的网络可能会遭遇性能下降或梯度消失/爆炸的问题。为了训练更深的网络，多路径或跨层连接的概念被提出。多路径或跨层连接可以通过跳过一些中间层，系统地将一层连接到另一层，以使特定的信息流跨过层。为了通过较低层访问梯度来解决梯度消失问题，可以采用不同类型的跨层连接，如零填充、基于投影、Dropout 和 1×1 连接等。

（4）基于宽度的多连接 CNN

2012 至 2015 年，网络架构的重点是深度的力量，以及多通道监管连接在网络正则化中的重要性。然而，网络的宽度和深度一样重要。通过在一层之内并行使用多个处理单元，多层感知机获得了在感知机上映射复杂函数的优势。这表明，宽度和深度一样是定义学习原则的一个重要参数。Lu 等（2017）和 Hanin & Sellke（2017）最近表明，带有线性整流激活函数的神经网络要足够宽才能随着深度增加保持通用的近似特性。并且，如果网络的最大宽度不大于输入维度，紧致集上的连续函数类无法被任意深度的网络很好地近似。与深度架构相关的一个重要问题是，有些层或处理单元可能无法学习有用的特征。为了解决这一问题，研究的重点从深度和较窄的架构转移到了较浅和较宽的架构上。

（5）基于特征图开发的 CNN

CNN 因其分层学习和自动特征提取能力而闻名于 MV 任务中。特征选择在决定分类、分割和检测模块的性能上起着重要作用。传统特征提取技术中分类模块的性能要受限于特征的单一性。相较于传统技术，CNN 使用多阶段特征提取，根据分配的输入来提取不同类型的特征图。但是，一些特征图有很少或者几乎没有目标鉴别作用。巨大的特征集有噪声效应，会导致网络过拟合。这表明，除了网络工程外，特定类别特征图的选取对改进网络的泛化性能至关重要。

（6）基于通道提升的 CNN

图像表征在决定图像处理算法的性能方面起着重要作用。图像的良好表征可以定义来自紧凑代码的图像的突出特征。在不同的研究中，不同类型的传统滤波器被用来提取单一类型图像的不同级别信息。这些不同的表征被用作模型的输入，以提高性能。CNN 是一个很好的特征学习器，它能根据问题自动提取鉴别特征。但是，CNN 的学习依赖于输入表征。如果输入中缺乏多样性和类别定义信息，CNN 作为鉴别器的性能就会受到影响。为此，辅助学习器的概念被引入到 CNN 中来提升网络的输入表征。

（7）基于注意力的 CNN

不同的抽象级别在定义神经网络的鉴别能力方面有着重要的作用。除此之外，选择与上下文相关的特征对于图像定位和识别也很重要。在人类的视觉系统中，这种现象叫做注意力，它有助于人类以更好的方式来抓取视觉结构。不同的研究者把注意力概念加入到 CNN 中来改进表征和克服数据的计算限制问题。注意力概念有助于让 CNN 变得更加智能，使其在杂乱的背景和复杂的场景中也能识别物体。

2. CNN 的应用

卷积神经网络有着广泛的应用，主要应用于以下方面：

（1）图像识别

CNN 用于图像识别取得一定成效，2012 年 MNIST 数据库的错误率为 0.23%（Ciresan D 等，2012）。ILSVRC 2014 的视觉识别挑战中，几乎每个排名很高的团队都使用 CNN 作为他们的基本框架（Deng J 等，2012），获胜者 GoGoLeNET 应用了 30 层以上的网络将目标检测的平均精度提高到 0.439329，并将分类误差降低到 0.06656。卷积神经网络在 ImageNet 测试中的性能接近于人类（Russakovsky O，2015）。最好的算法仍然花费在小对象的识别上，特别是现代数码相机所拍摄的经过滤镜扭曲的对象识别。人类不擅长细粒度类别的分类，如特定品种的狗或鸟类，而卷积神经网络处理却能很好地做到这一点。2015 年一个多层 CNN 展示了从广泛的角度来识别人脸的能力，包括上下颠倒、部分遮挡等（Review T，2015）。

（2）视频分类

将 CNN 应用于视频分类的工作相对较少，因为视频具有时间维度所以更复杂，但已经有这方面的探索。将空间和时间看作输入的等效维数进行卷积（Baccouche M 等，2011；Ji S 等，2012），融合两个卷积神经网络的特征，一个用于空间流，一个用于时间流（Huang J 等，2018；Karpathy A 等，2014）。LSTM（Long Short-Term Memory）单元通常是在 CNN 之后合并以解释帧间剪辑依赖项（Wang L 等，2018）。基于卷积门限 Boltzmann（Duan X 等，2018）和独立子空间分析，提出了用于时空特征训练的无监督学习方案。

（3）自然语言处理

自然语言处理领域，CNN 模型在语义解析（Le Q V 等，2011）、查询检索（Grefenstette E 等，2014）、句子建模与分类（Shen Y 等，2014）、预测（Kalchbrenner N 等，2014）等传统自然语言处理（NLP）任务中取得了良好的效果。

（4）生物医药领域

CNN 用来预测分子和生物蛋白之间的相互作用可以识别潜在的治疗方法。2015 年，Atomwise 引入了 AtomNet，这是第一个用于基于结构合理设计药物的深度学习神经网络（Kim Y，2014），该网络系统直接对化学相互作用的三维表示进行训练，用于识别药物的化学结构特征，发现了芳香性、sp3 碳和氢键等。AtomNet 还用于预测多种疾病靶点的新候选生物分子，最显著的是对埃博拉病毒和多发性硬化的治疗（Collobert R 等，2008）。CNN 用于分析人类身体活动流的时间序列，时间序列表示由临床数据提供。CNN 与 Cox-Gompertz 比例风险模型相结合，用于验证全因死亡率预测器形式的老化数字生物标志物。

（5）棋盘游戏

从 1999 年到 2001 年，Fogel 和 Chellapilla 发表了一些论文，展示了一个卷积神经网络如何学会使用共同进化来玩象棋，在 165 场比赛中进行了测试，排名最高的是 0.4%（Chellapilla K 和 Fogel D B，2001）。围棋方面，2014 年 12 月 Clark 和 Storkey 发表了一篇论文，表明通过监督学习从人类专业游戏数据库中训练出来的 CNN 可以超过 GNU（GoClark C 和 Storkey A，2014），并且与蒙特卡罗树搜索程序 Fuego 模拟每局 10000 个的播放的性能相匹配；一个大型的 12 层卷积神经网络已经正确地预测了 55% 的棋子移动，相当于一个 6 段人类选手的准确度。2016 年 3 月，AlphaGo 对战李世乭的比赛，展示了深度学习在围棋领域的重大突破（Silver D 等，2017）。

3.2 图卷积神经网络

3.2.1 图神经网络

图神经网络（Graph Neural Network，GNN）是一种在图结构上运行的神经网络，是用来对图（Graph）数据结构进行处理、建模并捕获数据内部依赖关系的一种神经网络。图神经网络是用于图结构数据的深度学习架构，将端到端学习与归纳推理相结合，有望解决传统深度学习无法处理的因果推理、可解释性等问题，是非常有潜力的人工智能研究方向。图神经网络是不规则的、无序的。对于一个图 $G = (V, E)$ 来说，V 是节点，每个节点有各自的特征，E 表示图的边所组成的集合，表征了图的结构，可以用图的邻接矩阵 A 表示。GNN 的目的是通过利用图的节点自身的特征以及图的结构特征来完成数据训练和特征提取任务。GNN 的典型应用是节点分类，输入节点的初始特征以及节点与节点之间的连接关系的邻接矩阵，以输出图或其节点的标签。GNN 在对图形中节点间的依赖关系进行建模方面能力强大，使得图分析相关的研究领域取得了突破性进展。

GNN 的性质包括：

①节点在每一层都会有嵌入（Embedding）。

②模型可以达到任意深度。

③第 0 层节点的嵌入就是它的输入特征向量。

全连接神经网络适用于完全没有结构的数据，循环网络则用来处理具有时间序列特征的数据，卷积神经网络适用于具有空间结构特征的数据，而图神经网络则用来处理结构化但不规则的数据。

图嵌入（Embedding）是将图转换到保存图信息的低维空间，将图表示为多组低维向量。图嵌入的输出是表示整个图或者部分图的低维向量，此低维向量可以被应用到其他机器学习方法中。

图像也属于一种图结构，是一类具有欧几里得结构的图结构，每个节点与周围的四个节点连接。时间信号也属于一种图结构，每个节点信号只与周围的两个信号数据相连接。

1. GNN 的基本原理

GNN 图神经网络的基本思想，就是基于节点的局部邻居信息对节点进行嵌入（Embedding），直观来讲，就是通过神经网络来聚合每个节点及其周围节点的信息，如图 3.2 所示。

在 GNN 中聚合一个节点的邻居节点信息的基本方法是采用平均的方法，并使用神经网络作聚合操作，具体方法如图 3.3 所示。首先使用节点的聚合特征向量来初始化第 0 层节点 h_v^0，对于节点 v 在第 k 层的嵌入 h_v^k 由节点 v 的邻居节点在 $k-1$ 层的嵌入的平均和 $k-1$ 层节点 v 的嵌入 $h_v^k - 1$ 的和构成（Wu Z 等，2020）（https：//blog. csdn. net/r1254/article/details/88343349）。

GNN 模型的训练方法分为监督和无监督两种，无监督的方法有随机游走（Random Walks，包括 Node2vec、DeepWalk）、图分解（Graph Factorization）、训练模型使得相似的节点具有相似的 embedding；有监督方

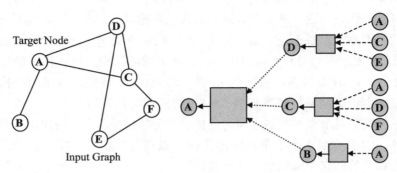

图 3.2　GNN 网络

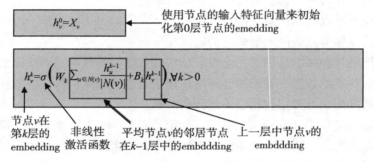

图 3.3　GNN 操作原理

法，以二分类举例，可以定义一个交叉熵函数来作为损失函数。

2. GNN 的网络类别

GNN 的网络模型主要分三类，分别为游走类模型、消息传递类模型、知识图谱类模型，如图 3.4 所示。其中，消息传递类模型包括：图卷积神经网络（Graph Convolutional Neural Network，GCN）、图注意力网络（Graph Attention NeTwork，GAT）、图采样聚合网络（Graph Sample Aggregate Network，GraphSAGE）等。下面主要介绍消息传递类图神经网络模型，其中图卷积神经网络和图注意力网络分别在 3.2 节和 3.3 节介绍。

（1）图采样聚合网络

图采样聚合网络（Graph Sample Aggregate Network，GraphSAGE），核心思路是对要预测节点的邻居节点进行逐层采样，再对样本点逆向逐层进行聚合。这个过程是逐层进行的，如图 3.5 所示，即第一层对邻居节点采样，第二层对邻居的邻居节点进行采样。GCN 等需要对全图进行学习，而且以直推式学习（Transductive Learning）为主，即需要在训练时图中就已经包含了

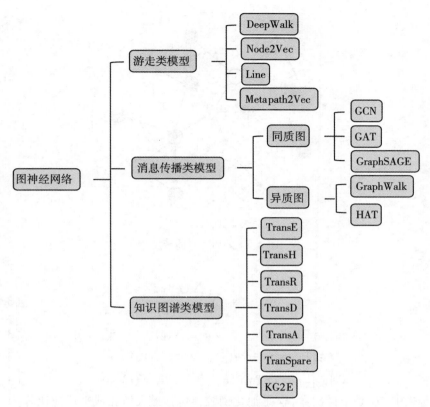

图 3.4 图神经网络的类别

要预测的节点。实际应用中图的结构会频繁变化，在最终的预测阶段，图中会包含一些新节点，GraphSAGE 是针对此类问题而提出的。GraphSAGE 一定意义上是 GCN 一种空间域上实现，实现两个修正，一通过采样邻居的策略将 GCN 由全图训练转成以节点为中心的小批量训练，简化了大规模图数据训练量；二是对聚合邻居的操作进行了拓展，提出了替换 GCN 操作的新方式。

GraphSAGE 节点聚合函数为：

$$\boldsymbol{h}_v^k = \sigma\left(\left[\boldsymbol{W}_k \cdot \text{Agg}\left(\left\{\boldsymbol{h}_u^{k-1}, \ \forall u \in N(v)\right\}\right), \ \boldsymbol{B}_k\,\boldsymbol{h}_v^{k-1}\right]\right) \quad (3.3)$$

式中，Agg 为聚合算子，常用 4 种计算方式，分别为平均/加和聚合算子、卷积聚合算子、池化聚合算子、LSTM 聚合算子。它们的表达式分别如下：

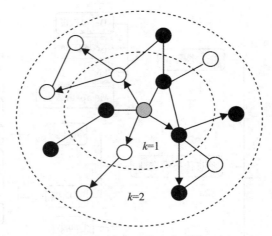

图 3.5　邻居节点的采样

$$\mathrm{Agg}_{\mathrm{mean}} = \sum_{u \in N(v)} \frac{\boldsymbol{h}_u^{k-1}}{|N(v)|} \tag{3.4}$$

$$\mathrm{Agg}_{\mathrm{Gcn}} = \mathrm{Mean}(\{\boldsymbol{h}_u^{k-1}, \ \forall u \in N(v)\} \cup \{\boldsymbol{h}_v^{k-1}\}) \tag{3.5}$$

$$\mathrm{Agg}_{\mathrm{pool}} = \gamma(\{\boldsymbol{Q}\,\boldsymbol{h}_u^{k-1}, \ \forall u \in N(v)\}) \tag{3.6}$$

$$Agg_{\mathrm{LSTM}} = \mathrm{LSTM}([\boldsymbol{h}_u^{k-1}, \ \forall u \in N(v)]) \tag{3.7}$$

式中，Q 是采样次数，γ 是池化函数，包括最大池化或平均池化等。

采用卷积聚合算子的节点聚合公式为：

$$\boldsymbol{h}_v^k = \sigma([\boldsymbol{W}_k \cdot \mathrm{Mean}(\{\boldsymbol{h}_u^{k-1}, \ \forall u \in N(v)\} \cup \{\boldsymbol{h}_v^{k-1}\}), \ \boldsymbol{B}_k\,\boldsymbol{h}_v^{k-1}]) \tag{3.8}$$

（2）门控图神经网络

门控图神经网络（Gated Graph Neural Network，GGNN）主要是解决过深层的图神经网络导致过度平滑的问题，使用门限单元（Gated Recurrent Unit，GRU）更新节点状态。其原理如图 3.6 所示，分两步进行。

在第 k 步从邻居节点获得信息，并进行加和聚合

$$m_v^k = W \sum_{u \in N(v)} h_u^{k-1} \tag{3.9}$$

采用 GRU 更新节点的状态：

$$h_v^k = \mathrm{GRU}(h_v^{k-1}, \ m_v^k) \tag{3.10}$$

（3）图自编码机

图自编码机（Graph Auto-Encoder，GAE），是一种非监督学习框架，目

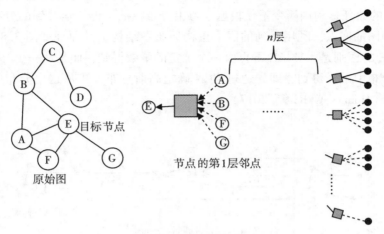

图 3.6　GGNN 原理

标是通过编码机学习到低维的节点向量，然后通过解码机重构出图数据。图自编码机是一种常见的图嵌入方法，可以被应用到有属性信息或者无属性信息的图中。GAE 的原理如图 3.7 所示，包括编码和解码两个过程。

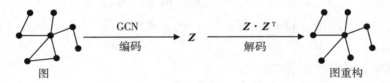

图 3.7　GAE 原理

①编码，GAE 采用 GCN 作为编码器来得到节点的潜在表征（或者说是嵌入），其公式表达为：

$$Z = \mathrm{GCN}(X, A) \tag{3.11}$$

式中，Z 为图中所有节点的潜在表征，X 为节点的特征矩阵，A 为图的邻接矩阵。

②解码，GAE 采用内积作为解码器来重构原始的图结构，即图的邻接矩阵：

$$\hat{A} = \sigma(Z, Z^{\mathrm{T}}) \tag{3.12}$$

变分图自编码机（Variational Graph Auto-Encoder，VGAE），通过

Encoder-Decoder 以获取图中节点的嵌入，来支持后续任务，如链接预测等。VGAE 的原理是利用隐变量使模型学习出分布特征，再从学习到的分布中采样得到图的嵌入，利用得到的嵌入重构原始图结构。其原理如图 3.8 所示，和 GAE 的区别是，VGAE 不再由一个确定的函数得到，而是从一个（多维）高斯分布中采样得到，即先通过 GCN 确定高斯分布，再从这个分布中采样得到 $\mathbf{Z}$（Holmes W R 等，2017）。

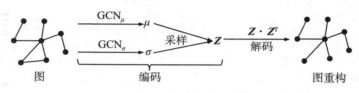

图 3.8　VGAE 原理

（4）图生成对抗网络

图生成对抗网络（Graph Generative Adversarial Networks，GraphGAN）（Li C 等，2018）是通过让两个图神经网络相互博弈的方式进行学习，结合了两种图表征学习的方法，目标是从数据中生成指定经验分布的图结构。由生成式模型（Generative Model）和判别式模型（Discriminative Model）组成，分别对应生成器（Generator）$G(v \mid v_c; \vartheta_G)$ 和判别器（Discriminator）$D(v, v_c; \vartheta_D)$。

图生成对抗网络原理如下：

给定一个图 Gra $= (V, E)$，节点集合 $V = (v_1, v_2, \cdots, v_N)$，边集合 $E = \{e_{ij}\}_{i,j=1}^{N}$。

生成器 G 尽可能地去拟合或预估真实的连接分布概率 $P_{\text{true}}(v \mid v_c)$，从而在节点集 V 中选择出最有可能与 v_c 连接的节点。

判别器 D，将 Well-Connected 的节点对与 Ill-Connected 的节点对区分开来，并计算输出节点 v 和 v_c 之间存在着边的可能性。

通过交替最小化最大化 $V(G, D)$ 进行迭代更新得到节点在生成器和判别器中的特征表达向量 h_G 和 h_D：

$$\min_{h_G} \max_{h_G} V(G, D) = \sum_{C=1}^{V} \left(E_{v \sim P_{\text{true}}(\cdot \mid v_c)} \left[\log D(v, v_c; h_D) \right] + E_{v \sim G(\cdot \mid v_c; h_G)} \left[\log(1 - D(v, v_c; h_D)) \right] \right) \quad (3.13)$$

每次迭代从 P_{true} 中抽样一些跟 v_c 真实相邻的正样本点，从 G 中生成一

些跟 v_c 接近的负样本点，用两类样本点对 D 进行训练，得到优化后的判别器 D 之后，再用 D 中的信号反过来训练生成器 G，不断重复这个过程，直到生成器 G 和 P_{true} 极为接近。

（5）时空图网络

时空图网络（Spatial-Temporal Graph Networks，STGN），是一种直接在时空图结构上运行的神经网络，其目标是从时空图中学习到不可见的模式，在交通预测、人类的活动预测中变得越来越重要。时空图网络区别于其他图数据，不仅包括 V（节点）、E（边）、A（邻接矩阵），还包含 X 属性，X 表示图在时间维度上的属性变化。时空图网络的关键在于考虑同一时间下的空间与事物的关联关系，现在很多方法使用 GCN 结合 CNN 或者 RNN 对这种依赖关系进行建模。道路交通网络就是一种时空图，数据在时间维度上是连续的，用时空图网络构建道路交通预测模型，可以更加准确地预测出交通网络中的交通状态（肖庭忠等，2019）。

时空图 $G = \{G_1, G_2, G_3, \cdots, G_n\}$ 的定义是：

$$G = (V, E, T) \tag{3.14}$$

式中，V 表示时空图 G 上的节点集合，E 表示与节点相连边的集合，T 表示节点产生连接的时间集。G 可以表示为一系列离散时间下 $t_0 < t_1 < t_2 < \cdots < t_i < t_{end}$ 的有序图集，其中 $G = (V, E, T)$ 是在时间窗口 $[t_i, t_{i+1}]$ 下的时空子图（Wu Z 等，2020）（https：//blog. csdn. net/r1254/article/details/88343349）。

3. GNN 的网络框架和输出

根据不同的图分析任务，图的输出可分为以下几种：

①节点级输出，该类输出和节点的回归和分类相关，一般采用半监督学习训练架构。给定一个网络，部分节点有标签，部分节点无标签，图卷积网络学习到一个鲁棒的模型，可以有效的识别出没有标签的节点的类标签。图卷积网络会给出图数据节点的潜在表示，所以一般在 GCN 的后面会增加感知层或者 Softmax 层。在端到端的识别框架中，可以将若干个图卷积网络进行堆叠，结合一个 Softmax 层完成多分类任务。

②边级输出，该类输出和边的分类及连接预测任务相关，为了能够预测一个边的连接强度，额外添加一个函数，以两个节点的潜在表示作为输入。

③图级输出，该类输出一般与图的分类任务相关。图级分类旨在预测整个图的类别标签，可以采用有监督学习架构，通过结合图卷积网络和池化操作完成。通过图卷积网络，单个的图中每个节点可以得到一个固定长

度的表示；然后对图中的所有节点的表示进行池化操作，得到一个图的简化表示；最后，添加一个线性层和 Softmax 层，构建出图分类的端到端学习框架。

无监督学习架构适合于图嵌入，如果图中没有标签的数据可用，则可以通过纯粹的无监督的端到端学习框架学习到图的嵌入。这些算法主要以两种方式利用边的信息，一种是采用自编码机框架，编码机通过图卷积层将图嵌入到潜在的表示中，并在此基础上解码机对图进行重构；另一种是采用负抽样法，对图中的部分节点进行抽样，作为负对，已存在的有连接的节点作为正对，然后在卷积层后面添加一个 Logistic 回归层（Wu Z 等，2020）。

3.2.2 图卷积神经网络

图卷积神经网络（Graph Convolution Network，GCN），是面向图结构采用图卷积运算代替一般卷积运算的神经网络，是经典图神经网络，属于消息传递类模型。其根据图结构中节点的空间关系定义图卷积，图卷积将图中的节点与其邻居节点进行聚合，得到该节点的新表征。GCN 本质上是一种从图数据中提取特征的方法，可以用来对图数据进行节点分类（Node Classification）、图分类（Graph Classification）、边预测（Link Prediction）、图的嵌入表征（Graph Embedding）。

GCN 应用很广泛，如用户推荐问题，给定用户-产品的关系、给定用户、推断用户会购买哪些产品；连接预测问题、给定网络结构、预测连边；给定网络结构（或时序上的结构），推断网络的类型、预测网络的演化、学习网络上的动力学（流行病传播）；预测系统结构，学习图像中的语义关系，学习关系推理，预测蛋白质的特性等（Wu Z 等，2020）。

1. GCN 基本原理

GCN 借助拉普拉斯矩阵，利用特征分解和傅里叶变换得到一个容易计算卷积核在图网络上进行卷积。第一代的 GCN 即 Spectral Network，其直接将一维的信号卷积操作扩展到图结构。第二代 GCN 即 ChebNet，采用切比雪夫展开式近似卷积核。GCN 通过图傅里叶变换将整个图拓扑结构转到频域并在频域对图信号进行矩阵乘法操作，再经傅里叶逆变换到空间域，实现空间域的卷积效果。通过两代改进及简化，GCN 在空间域上的操作也可以直观地表现出来。对于相邻节点，累加所有信息并考虑本节点和相邻节点的度做对称归一化，之后经过参数矩阵 W 变换到隐空间。这样，GCN 就和其他基于消息传递的图神经网络统一起来了（https：//blog. csdn. net/r1254/

article/details/88343349）。

给定图 $G=(V，E)$，其中 $V，E$ 分别表示图 G 的节点集合和边集合，设图 G 的邻接矩阵为 A，用来描述图的结构，加上自环得到矩阵 $A'=A+I$，设图 G 的度矩阵为 M，则 GCN 的表达式为：

$$h_i^k = \sigma\Big(\sum_{j\in N(i)} A_{ij} W^{k-1} h_j^{k-1} + b^k\Big) \tag{3.15}$$

式中，h_j^{k-1} 表示节点 j 在 $k-1$ 层的表征，W^{k-1} 表示 $k-1$ 层的权重矩阵。

图卷积神经网络结构如图 3.9 所示，其隐藏层结构分两类，如图 3.10 所示。卷积神经网络的卷积层中，对一个 5×5 的像素矩阵，以 3×3 的卷积核为例，每一个卷积核对应 5×5 个参数共享的神经元，每个神经元除了连接自己所对应的像素点，还要连接该像素点周围的 8 个像素点。在图卷积神经网络中也是给每一个节点分配一个神经元，但不同的是这些神经元的权重不会改变，每个节点 i 的权重计算公式如下：

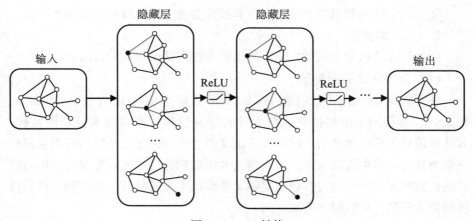

图 3.9 GCN 结构

$$w_{ij} = \begin{cases} \dfrac{A_{ij}}{\sqrt{D_i\,D_j}}, & i \neq j \\ \dfrac{1}{D_i}, & i = j \end{cases} \tag{3.16}$$

式中，$A_{ij}=1$，表示 i 和 j 有连边，$A_{ij}=0$，表示 i 和 j 没有连边，D_i 表示节点 i 的连边数目。

GCN 操作步骤包括：

①利用全连接网络对上一层信息进行特征降维；

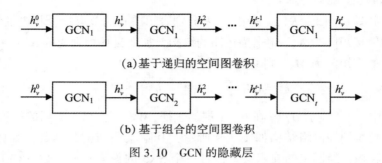

（a）基于递归的空间图卷积

（b）基于组合的空间图卷积

图 3.10 GCN 的隐藏层

②利用图结构快速传播局部信息（投票机制），每个节点将自身的特征信息传递给邻居节点；

③每个节点将邻居节点及自身的特征信息进行聚合，对局部结构进行学习；

④加入激活函数对节点的信息作非线性变换，提取特征进行输出。

2. GCN 的类型

图卷积方法可分为两类，基于频谱的方法和基于空间的方法。

（1）基于频谱的图卷积

基于频谱的图卷积方法，基本原理是基于谱图论（Spectral Graph Theory），即借助于图的拉普拉斯矩阵的特征值和特征向量来处理图结构。其从图信号处理的角度引入滤波器来定义图卷积，因此基于频谱的图卷积可理解为从图信号中去除噪声。基于频谱的图卷积通过傅里叶变换将图中的结点映射到频域空间，通过在频域空间上做乘积来实现时域上的卷积，最后再将做完乘积的特征映射回时域空间。

（2）基于空间的图卷积

基于空间的图卷积方法，通过汇集邻居节点的信息来构建图卷积。当图卷积在节点级运行时，可以将图池化模块和图卷积进行交错叠加，从而将图粗化为高级的子图。原始的图卷积神经网络的任务是给定图上某些节点的标签，去反推其他节点的标签信息。为了探索节点接收域的深度与广度信息，通常将多个图卷积层叠加在一起，按照卷积层的叠加方式将基于空间的图卷积划分为基于递归的空间图卷积和基于合成的空间图卷积。

基于递归的图卷积使用相同的图卷积层对图进行更新，其基本思想是更新图节点的潜在表示直至达到稳定状态。通过对递归函数施加约束，使用门递归单元体系、异步地、随机地更新节点的潜在表征。基于组合的图卷积使

102

用不同的卷积层对图进行更新，通过堆叠多个不同的图卷积层来更新节点的表征，其基本思想是试图获取图中更高阶的邻域信息。

3. GCN 的特点

（1）GCN 的优点

在 Kipf 等（2016）提出 GCN 模型之前，图神经网络有多种模型，包括利用图谱分解来处理图结构信号，利用节点邻居采样的方式限制每次处理的邻居数，利用随机游走构造时间序列，再利用 Word2vec 方法等。上述方法要么是依赖采样方式来提取全局信息，不确定性很大；要么是利用复杂的数学技巧提取图谱特征，需要利用图的全部信息，计算复杂度很高。而 GCN 的提出正是为解决以上问题，其优点包括：

①GCN 可以处理 CNN 无法处理的非欧氏结构数据，适用于任意拓扑结构的网络和图，适应性广。GCN 可以对不规则的多维数据，包括社交网络、通信网络、知识图谱等网络和图结构数据进行处理，并有效地提取空间特征来进行机器学习。广义上讲，任何数据在赋范空间内都可以建立拓扑关联，GCN 具有很大的应用空间。

②GCN 是对卷积神经网络在 Graph Domain 上的自然推广，它能同时对节点特征信息与结构信息进行端对端学习，是目前对图数据学习任务的最佳选择。

③GCN 中信息聚合的权重 W，其维度与顶点的数量无关，是可以进行调节的，这使得神经网络模型可以用于大规模的图数据集。

④GCN 的第三代和第四代通过使用 Chebyshev 多项式近似，已经降低了卷积核计算的复杂度。

⑤在节点分类与边预测等任务上，在公开数据集上效果要优于其他方法。

（2）GCN 的缺点

①GCN 对于同阶的邻域上分配给不同邻居的权重是完全相同的，无法允许为邻居中不同节点指定不同的权重，这限制了模型对于空间信息相关性的捕捉能力，这也是在很多任务上不如 GAT 的根本原因。

②GCN 结合临近节点特征的方式和图的结构依依相关，这局限了训练所得模型在其他图结构上的泛化能力。

（3）GCN 与 GNN 的区别

与基础的 GNN 相比，GCN 在聚合函数上有细微变化。

GNN 基本的邻点聚合为：

$$h_v^k = \sigma\left(W_k \sum_{u \in N(v)} \frac{h_u^{k-1}}{|N(v)|} + B_k\, h_v^{k-1} \right) \tag{3.17}$$

GCN 邻点聚合为：

$$h_v^k = \sigma\left(W_k \sum_{u \in N(v) \cup v} \frac{h_u^{k-1}}{\sqrt{|N(u)|\,|N(v)|}} \right) \tag{3.18}$$

GCN 对于自身和邻居节点的嵌入采用相同的矩阵，并对邻居节点归一化。

3.3　图注意力网络

图注意力网络（Graph Attention neTworks，GAT，为了和生成对抗网络 GAN 区别）在图谱结构化数据上运算，利用隐藏的自注意力层解决现有的基于图卷积及其类似方法的缺点，通过堆叠能够链接其邻近节点特征的层，隐含地为邻近的不同节点指定不同的权重，不需要进行成本高昂的矩阵运算，也无需事先知道图的结构。因此，一次性解决了 Spectral-based 图神经网络的几个关键挑战，并且适用于归纳和直推问题。GAT 模型已经在三个公认的直推和归纳图基准上（Cora、Citeseer 引文网络数据集、蛋白质相互作用数据集）获得了最先进的结果。

3.3.1　注意力机制

1. 注意力机制

注意力机制（Attention）是从大量信息中有选择地筛选出少量重要信息并聚焦到这些重要信息上，忽略不重要的信息。聚焦的过程体现在权重系数的计算上，权重越大越聚焦于其对应的 Value 值上，即权重代表了信息的重要性，而 Value 是其对应的信息。注意力机制如图 3.11 所示，设 Source 中的构成元素是由一系列的<Key，Value>数据对构成，此时给定 Target 中的某个元素 Query，则：

①计算 Query 和各个 Key 的相似性或者相关性，常见的方法有求两者的向量点积、两者的余弦相关系数等，或者引入额外的神经网络求解。

②引入类似 Softmax 的计算方式对第一阶段的结果进行数值转换，一方面可以进行归一化，将原始计算分值整理成所有元素权重之和为 1 的概率分布，另一方面也可以通过 Softmax 的内在机制更加突出重要元素的权重。

③得到每个 Key 对应 Value 的权重系数，对 Value 进行加权求和即可得到最终的 Attention 数值，再根据注意力数值求出输出特征即可。

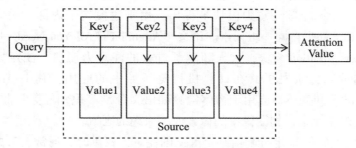

图 3.11   注意力机制

所以，本质上 Attention 机制是对 Source 中元素的 Value 值进行加权求和，而 Query 和 Key 用来计算对应 Value 的权重系数，用公式表示为：

$$\text{Attention}(\text{Query},\ \text{Source}) = \sum_{i=1}^{L_x} \text{Similarity}(\text{Query},\ \text{Key}_i) \cdot \text{Value}_i$$

(3.19)

其中，$L_x = \|\text{Source}\|$ 代表 Source 的长度。

2. 自注意力机制

自注意力机制（Self Attention），指的不是 Target 和 Source 之间的 Attention 机制，而是 Source 内部元素之间或者 Target 内部元素之间发生的 Attention 机制。在一般任务的 Encoder-Decoder 框架中，输入 Source 和输出 Target 内容是不一样的，比如对于英文—中文机器翻译来说，Source 是英文句子，Target 是对应的翻译出的中文句子，Attention 机制发生在 Target 的元素 Query 和 Source 中的所有元素之间。其具体计算过程是一样的，只是计算对象发生了变化。很明显，引入 Self Attention 后会更容易捕获句子中的长距离相互依赖特征，因为如果是 RNN 或者 LSTM，需要按次序序列计算，对于远距离的相互依赖的特征，要经过若干时间步骤的信息累积才能将两者联系起来，而距离越远，有效捕获的可能性越小。但是 Self Attention 在计算过程中会直接将句子中任意两个单词的联系通过一个计算步骤直接联系起来，所以远距离依赖特征之间的距离被极大缩短，可以有效地利用这些特征。此外，Self Attention 对于增加计算的并行性也有直接帮助作用。这就是 Self Attention 逐渐被广泛使用的主要原因。

注意力机制使神经网络能够更多地关注输入中的相关部分。自然语言处理（NLP）中最先研究了注意力机制，并开发了 Encoder-Decoder 模块以帮助神经机器翻译（NMT），当给定一个 Query（如输出句子中的目标词）计算其输出时，会依据 Query 对某些 Key 元素（如输入句子中的源词）进行优先级排序。后来空间注意力模块被提出，用于建模句子内部的关系，此时 Query 和 Key 都来自同一组元素。论文 "Attention is All You Need" 中提出了 Transformer Attention 模块，大大超越了过去的注意力模块。注意力建模在 NLP 中的成功，激发了其在计算机视觉领域中的应用，其中 Transformer Attention 的不同变体被应用于物体检测和语义分割等识别任务，此时 Query 和 Key 是视觉元素，如图像中的像素或感兴趣的区域。

在给定 Query 确定分配给某个 Key 的注意力权重时，通常会考虑输入的三种特征：①Query 的内容特征，可以是图像中给定像素的特征，或句子中给定单词的特征；②Key 的内容特征，可以是 Query 邻域内像素的特征，或者句子中的另一个单词的特征；③Query 和 Key 的相对位置。基于这些输入特征，在计算某对 Query-Key 的注意力权重时，存在四个可能的注意力因子：E1——Query 内容特征和 Key 内容特征；E2——Query 内容特征和 Query-Key 相对位置；E3——仅 Key 的内容特征；E4——仅 Query-Key 相对位置。在 Transformer Attention 的最新版本 Transformer-XL 中，注意力权重表示为四项（E1，E2，E3，E4）的总和。这些项依赖的属性有所区别，如前两个（E1，E2）对 Query 内容敏感，而后两者（E3，E4）不考虑 Query 内容，E3 主要描述显著的 Key 元素，E4 主要描述与内容无关的位置偏差。

3. 注意力机制实施

注意力机制是一种在编码器—解码器结构中使用的机制，现在已经在机器翻译（Neural Machine Translation，NMT）、图像描述（Image Captioning，Translating an Image to a Sentence）、文本摘要（Summarization）等中应用。注意力机制的思想是网络应该找出输入序列的哪些部分或元素与给定的输出序列元素具有更强的相关性。它通过为每个输入元素创建一个注意力权重向量（介于 0 和 1 之间，通过 Softmax 产生）来调整信息流。

对于 RNN 网络的每个输入元素（时间阶）会存储一个隐藏状态，对于 N 个输入将会有 N 个隐藏状态，可以通过简单地让注意力权重和隐藏状态逐个元素相乘（也就是哈达玛积），来生成上下文向量：

$$z_i = [c_i, \ h_i] \tag{3.20}$$

$$\boldsymbol{a}_i = \tanh(W_c z) \tag{3.21}$$

压缩信息成一个注意力向量，并传递到下一层：

$$\boldsymbol{c}_i = s \cdot h = \sum_j^N s_{ij} \cdot h_j \tag{3.22}$$

在解码阶段，则会为每个输入计算上下文向量。

多头注意力是一种注意力机制的合并方式（Bello I 等，2019），被用来将 Q、K 和 V 线性映射到不同维度的空间中。其思想是不同的映射可以分别从不同方面突出信息编码的方式，其中，映射是通过将 Q、K 和 V 乘以训练过程中学习到的矩阵 **W** 来实现的。

3.3.2 图注意力网络

1. GAT 概述

图注意力网络（Graph Attention neTworks，GAT，为了和生成对抗网络 GAN 区别），在基础的图神经网络上引入了注意力机制，给予较为重要的节点更大的权重。需要去学习每个节点的注意力权重，在端到端的框架中，注意力权重和神经网络参数共同被学习得到。如果放松图结构中邻点个数和边的权重的限制，把不加限制的图谱作为输入，采用深度学习算法完成分类、预测等任务，深度学习算法会面临更大的挑战。GAT（Graph Attention neTworks）试图解决这个问题。GCN（图卷积神经网络）的缺点包括：①同阶邻域上分配给不同邻居的权重是完全相同的，限制了模型对于空间信息相关性的捕捉能力；②GCN 聚合临近节点特征的方式和图的结构相关，局限了模型在其他图结构上的泛化能力。GAT 克服了 GCN 的缺陷，采用注意力机制对邻近节点特征加权求和，邻近节点的权重完全取决于节点特征，独立于图结构。GAT 和 GCN 的核心区别在于：如何收集并累积距离为 1 的邻居节点的特征表示，GAT 用注意力机制替代 GCN 中固定的标准化操作，将 GCN 的标准化函数替换为使用注意力权重的邻居节点特征聚合函数（Veličković P 等，2017）。

图 3.12 展示了图卷积网络与图注意力网络在汇集邻居节点信息时的不同。在卷积网络中，节点与节点之间的权重的计算方式如下：

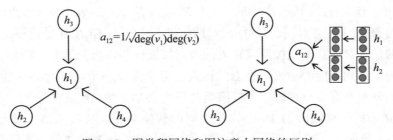

图 3.12　图卷积网络和图注意力网络的区别

$$W_{ij} = \frac{1}{\sqrt{\deg(v_i)\deg(v_j)}} \qquad (3.23)$$

而在图注意力网络中，如图 3.13 所示，节点之间的权重是参数化的，在网络中学习得到，因此，更为重要的节点之间会被赋予更大的权重。

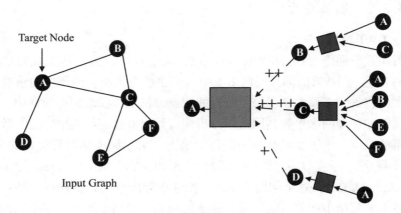

图 3.13　图注意力网络的权重

2. GAT 信息聚合

GAT 的实施分为两步，一是计算注意力系数（Attention Coefficient），二是进行特征聚合（Aggregate）。

（1）计算注意力系数

设图注意力层输入的节点特征向量集为：$\{h_1, h_2, \cdots, h_n\}$，$h_i \in R^M$，$n$ 为节点的个数，M 为每个节点的特征数（特征向量的维度），表示输入为 n 个节点中每个节点的 M 个特征，矩阵 h 的大小是 $n \times M$，代表了所有节点的特征，而 R 只代表某一个节点的特征，所以它的大小为 $M \times 1$。其输出为新的节点特征向量 $\{h_1', h_2', \cdots, h_n'\}$，$h_i' \in R^{M'}$，表示 n 个节点的每个节点的 M' 个特征，M' 表示特征向量的维度。GAT 与 GCN 都是特征提取器，其目的是针对 n 个节点按照其输入的节点特征预测输出新的节点特征。

为了得到相应的输入与输出的转换，至少需要一个可学习的线性变换，所以需要对所有节点训练一个权值矩阵作为共享参数：$W \in R^{M' \times M}$，表示输入的 M 个特征与输出的 M' 个特征之间的转换关系。再在节点上使用 Self-Attention 机制 a：$R^{M'} \times R^{M'} \to R$，即 a 为 $R^{M'} \times R^{M'} \to R$ 的映射，来计算注意力系数（Attention Coefficients）：

$$e_{ij} = a(W h_i, W h_j) \qquad (3.24)$$

此公式表示节点 j 对于节点 i 的重要性，而不去考虑图结构性的信息，节点 $j \in N_i$，其中 N_i 为节点 i 的所有相邻节点，j 为 i 的第一阶邻居，向量 $\boldsymbol{h}$ 是节点的特征向量。

式（3.20）首先通过共享参数 $\boldsymbol{W}$ 的线性映射对顶点的特征进行了增维，然后对节点 i 和 j 变换后的特征 $\boldsymbol{W}\boldsymbol{h}_i$ 和 $\boldsymbol{W}\boldsymbol{h}_j$ 进行连接（Concatenate），最后通过 a 把拼接后的高维特征映射到一个实数上，a 是一个映射函数（神经网络表达的非线性函数），而不是常数或矩阵，可以采用单层前馈神经网络（Single-layer Feedforward Neural Network）实现。显然节点 i 和 j 的相关性（j 对 i 的重要性）是通过可学习的参数 $\boldsymbol{W}$ 和映射 a 完成的。

通过隐藏注意力（Masked Attention），将这个注意力机制引入图结构中，隐藏注意力和全局注意力（Global Graph Attention）相对应，是将注意力分配到节点 i 的邻居节点集 N_i 上，N_i 包括节点 i 本身。当进行 Self-attention 计算时，会将注意力分配到图中所有的节点上，这样就导致丢失结构信息。

为了使注意力系数便于比较，引入 Softmax 对 i 的所有邻居节点进行正则化：

$$e'_{ij} = \text{softmax}_j(e_{ij}) = \frac{\exp(e_{ij})}{\sum_{k \in N_i} \exp(e_{ik})} \tag{3.25}$$

综合式（3.24）和式（3.25）得到注意力系数为：

$$e'_{ij} = \frac{\exp(\text{LeakyReLU}(\boldsymbol{a}^{\mathrm{T}}[\boldsymbol{W}\boldsymbol{h}_i \| \boldsymbol{W}\boldsymbol{h}_j]))}{\sum_{k \in N_i} \exp(\text{LeakyReLU}(\boldsymbol{a}^{\mathrm{T}}[\boldsymbol{W}\boldsymbol{h}_i \| \boldsymbol{W}\boldsymbol{h}_k]))} \tag{3.26}$$

注意力机制 a 可以采用单层前馈神经网络进行训练，$\boldsymbol{a}^{\mathrm{T}} \in \boldsymbol{R}^{2M'}$ 是前馈神经网络 a 的参数，即连接层与层之间的权重矩阵，在输出层上采用 LeakyReLU 非线性激活，小于零斜率为 0.2。

e'_{ij} 是学习到的注意力权重，即正则化后的不同节点之间的注意力系数，e_{ij} 和 e'_{ij} 都是注意力系数，e'_{ij} 是在 e_{ij} 基础上进行归一化得到的。公式含义是权值矩阵 $\boldsymbol{W}$ 与 M' 个特征相乘，节点相乘后连接在一起，再与权重 $\boldsymbol{a} \in \boldsymbol{R}^{2M'}$ 相乘，LeakyReLU 激活后指数操作得到 Softmax 的分子。其中，T 表示矩阵转置，‖ 表示 Concatenation 连接操作。

模型应用注意力机制 $a(\boldsymbol{W}\boldsymbol{h}_i, \boldsymbol{W}\boldsymbol{h}_j)$，通过权重向量 $\boldsymbol{a}$ 参数化，应用 LeakyReLU 激活，再进行正则化得到注意力权重 e'_{ij}，如图 3.14 所示。

（2）特征聚合

得到注意力权重（均一化的注意力系数）之后，可以用来预测每个节点的输出特征。

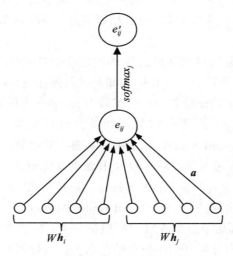

图 3.14　注意力机制

$$h'_i = \sigma\Big(\sum_{j \in N_i} e'_{ij} \boldsymbol{W} \boldsymbol{h}_j\Big) \tag{3.27}$$

式中，h'_i 就是 GAT 输出的每个节点融合了邻域信息的新特征，e'_{ij} 是学习到的注意力权重（注意力系数），$\boldsymbol{W}$ 为与特征相乘的权值矩阵，σ 为非线性激活函数，j 为所有与 i 相邻的节点。此公式表示节点的输出特征与其相邻的所有节点有关，是它们的线性和非线性激活后得到的，此线性和非线性系数是前面求得的注意力权重。

（3）多头注意力机制

为了稳定 Self-attention 的学习过程，在神经网络的最后一层使用多头注意力机制，K 个独立注意力机制按照式（3.27）计算，然后按照式（3.28）将它们的特征连接起来。GAT 的多头注意力机制实际上是多个 Self-attention 结构的结合，每个 Attention-head 学习到在不同表示空间中的特征，多个 Attention-head 学习到的注意力侧重点会略有不同，这样给了模型更大的容量。

$$h'_i = \mathop{\Big\|}_{k=1}^{K} \sigma\Big(\sum_{j \in N_i} (e'_{ij})^k \boldsymbol{W}^k \boldsymbol{h}_j\Big) \tag{3.28}$$

式中，$\|$ 表示 Concate 操作，$(e'_{ij})^k$ 为第 k 个注意力机制 a^k 的注意力系数，共 K 个注意力机制需要考虑，k 表示 K 中的第 k 个注意力，$\boldsymbol{W}^k$ 表示输入特征的线性变换权重矩阵，最终的输出为 h'_i 共由 KM' 个特征影响。当 $K = 3$，$j = 6$ 时，其结构如图 3.15 所示，节点 1 在邻域中具有多头注意机制，三

种箭头样式表示三个头的独立注意力计算，通过连接或平均每个 Head 获取 h'_1。

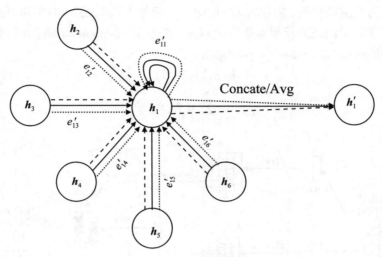

图 3.15　3Head 注意力机制

对于最终的输出，Concate 操作可能不那么敏感，所以直接用 K 平均来取代 Concate 操作，并延迟应用最终的非线性函数（σ 通常为分类问题的 Softmax 或 Logistic Sigmoid），得到最终的公式：

$$h'_i = \sigma\left(\frac{1}{K}\sum_{k=1}^{K}\sum_{j \in N_i}(e'_{ij})^k\, \boldsymbol{W}^k \boldsymbol{h}_j\right) \tag{3.29}$$

GAT 的分类过程与 GCN 的分类过程十分相似，均是采用 softmax 函数+交叉熵损失函数+梯度下降法来完成的。GAT 与 GCN 都是局部网络运算，但更新节点的方式不一样，GAT 是根据分配不同的注意力值来更新节点的表示，而 Masked 后就成了局部网络，无需了解图结构信息（Kipf T N 和 Welling M，2016；Veličković P 等，2019；Busbridge D 等，2019；Vaswani A 等，2017）。

3. 自注意力机制生成器

注意力映射计算如图 3.16 所示，用模型训练参数 W_f 和 W_g 以及以下公式计算 Attention Map a：

$$f(x) = W_f x \tag{3.30}$$

$$g(x) = W_g x \tag{3.31}$$

$$e_{ij} = f(x_i)^{\mathrm{T}} g(x_i) \tag{3.32}$$

111

$$a_{ij} = \frac{\exp(e_{ij})}{\sum\limits_{j=1}^{N} \exp(e_{ij})} \tag{3.33}$$

a_{ij} 为在渲染位置 i 时位置 j 的影响，一般位置 j 取位置 i 的相邻节点。然后将 W_h（需要训练的模型参数）乘以 x，并将其与 Attention Map a 合并，以生成 Self-attention Feature Map 的输出 y。

$$\boldsymbol{h}(x_i) = W_h\, x_i \tag{3.34}$$

$$y_i = \sum_{j=1}^{N} a_{ij}\boldsymbol{h}(x_j) \tag{3.35}$$

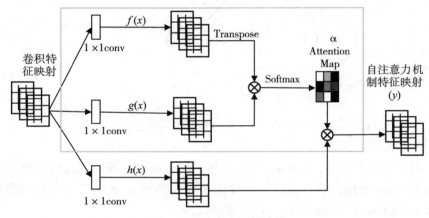

图 3.16　注意力映射计算

该卷积层的最终输出是：

$$z_i = \gamma\, y_i + x_i \tag{3.36}$$

其中，γ 被初始化为 0，因此模型将首先探索局部空间信息，然后用自注意力机制来改进。

4. 图注意力网络的优势

本质上而言，GCN 与 GAT 都是将邻居节点的特征聚合到中心顶点上，即一种 Aggregate 运算，利用图上的 Local Stationary 学习新的顶点特征表达。不同的是，GCN 利用了拉普拉斯矩阵（Laplacian Matrix），GAT 利用 Attention 系数。GAT 的优势包括：

①GAT 中顶点特征之间的相关性被更好地融入模型，图中每个节点可以根据邻节点的特征，为其分配不同的权值。

②引入注意力机制之后，不依赖于图结构信息，泛化能力强，只与相邻

节点有关，即使 i 和 j 之间不存在链接，则省略计算 a_{ij} 即可。

③GAT 适用于有向图，原因是 GAT 的运算方式是逐顶点的运算，每一次运算都需要循环遍历图上的所有顶点来完成，摆脱了拉普利矩阵的束缚，使得有向图问题迎刃而解。

④直接适用于推理学习，包括在训练期间完全看不见的图形上的评估模型的任务，GAT 中学习参数 W 和 a 仅与顶点特征相关，与图的结构无关，所以测试任务中改变图的结构，对于 GAT 影响并不大，只需要改变 N_i 重新计算即可。而 GCN 是一种全图的计算方式，一次计算需更新全图的节点特征，学习的参数很大程度与图结构相关，这使得 GCN 在 Inductive 任务上遇到困境。

⑤高度并行化计算，同时处理多个不同度的节点，并行计算邻居节点对，通过给邻居节点指定任意的权重，应用在拥有不同度的节点的图上。

注意力机制，通过对特定参数加入注意力机制强化特定特征的贡献来改变网络本身的结构。从这种意义上看注意力机制是对 Dropout 随机选取神经元的一种改进，和 L1 \ L2 正则化相比不是从损失函数而是从网络结构本身来优化神经网络。

第 4 章　海洋硬目标检测 DL 模型构建

4.1　机器学习海洋目标检测现状

海上目标检测和监测是海洋保护、开发和管理的一个重要问题，也是沿海国家需要认真对待和解决的重要议题。我国作为传统海洋大国，具有极其宽广的领海海域、漫长的海岸线和丰富的海洋资源，海洋环境保护、灾害防治、资源开发、主权维护处于国家的重要战略地位（龙梦启，2015）。海洋目标检测对于海上交通管制、航运安全、对外贸易、海岸和渔业监测、溢油污染探测、海冰监测、绿潮灾害防治、海洋权益保护、海上执法、打击非法偷渡等起到重要的作用（Armando Marino，2013；Gambardella A 等，2008）。海洋目标检测已经成为海洋领域研究的重要课题之一（Vachon P W 等，1997；Vachon P W 等，2000；Wackerman C C 等，2001）。

随着人工智能和机器学习方法的迅速发展，目标检测进入了新阶段。与传统目标检测方法需人工设定特征不同，通过人工神经网络可以自动提取特征，在对海量数据进行监督训练的前提下，检测到的目标特征具有很强泛化性，对物体形变、背景、光照、遮挡物及噪声具有一定的鲁棒性。总结目前基于机器学习的目标检测相关研究，可以分为两类，即基于简单前向神经网络的目标检测研究和基于卷积神经网络的目标检测研究，前者主要包括基于 BP 神经网络和 RBF 神经网络目标检测的相关研究成果。

（1）基于 BP 神经网络的目标检测

都期望（2016）利用 KNN 模板匹配 BP 人工神经网络两种分类方法分别对五类船舶的模型图像和采集的海上视频中检测得到的船舶目标进行分类实验。常兴华（2013）采用 BP 神经网络识别的方法，结合海上雷情信息、舰船 AIS 信息和其他测控装备摄录情况进行综合检测。许开宇基于神经网络进行背景预测和目标检测的基础上，提出基于帧间相关的复杂背景条件下的小目标检测算法，实验结果表明该方法可以得到高检测率和低虚警概率（许开宇，2006）。宗成阁（2006）利用 BP 神经网络对海杂波进行模拟，用模拟后的结果实现一阶海杂波的对消，采用 MUSIC 算法分辨海上目标的方位信息。周奇（2018）通过将人工提取的轮船 HOG 与 LBP 特征进行加权组合融合后，再进一步与神经网络方式融合，来提高 YOLO 应用于轮船目标识别上的准确性。夏鲁瑞（2018）采用机器学习和图像滤波技术，研究了基于支持向量机的海陆分割、基于自适应滤波的目标粗检测和基于 AdaBoost 的目标精检测等算法。Zakhvatkina（2013）基于神经网络的算法和贝叶斯算法对北极中部的海冰的合成孔径雷达（SAR）图像进行分类。张伊辉（2015）利用基于 LVQ（Learning Vector Quantization，学习向量量化）前向神经网络类型进行海洋船舰检测，实验结果表明检测效果良好。

（2）基于 RBF 神经网络的目标检测

马琪（2013）分析讨论了一种基于 RBF（径向基函数）神经网络的检测算法，结合 IPIX 雷达的实测数据训练了 RBF 神经网络，并对海面弱小目标进行预测。衣春雷（2012）采用 BP 网络、RBF 网络、归一化 RBF 网络和 RBF-BP 网络四种神经网络相结合的非线性海洋目标检测方法，其仿真实验表明对于信杂比较小的目标仍能很好地检测到。李正周（2014）提出了一种基于混沌神经网络的海上目标图像海杂波抑制方法，运用 RBF 神经网络提取模型参数进行目标检测。赵福立（2013）通过调整 RBF 神经网络的隐含层扩展系数，减小训练误差，提高海杂波时间序列的预测效果，实现海洋目标检测与提取，实验结果表明该方法在检测微弱目标的同时，还能很好地保持虚警率。

（3）基于 CNN 及其演化网络的目标检测

Chen 等提出了一种深度学习框架，融合高光谱和空间分辨率进行目标检测，从而获得较高分类精度，表明基于深度学习的方法在高光谱数据分类中有巨大潜力（Chen Y 等，2014；Chen Y 等，2015）。Zhang F 等（2015）提出了一个梯度增强随机卷积网络（GBRCN）的场景分类框架，可以有效地结合多种深层神经网络进行目标检测。房正正（2017）采用了一种在预训练好的网络模型上微调的方式训练卷积神经网络，实现遥感场景分类，可以更好地提取图像中的高级语义特征，从而分类精度更高。徐鹏（2017）设计了基于显著性检测与卷积神经网络（CNN）相结合的高分辨率 SAR 图像舰船检测算法，据称舰船检测率可达 95%。李洁（2017）基于经典 CFAR 检测思想及原理和多线程技术，提出了基于深层次 CNN 的舰船检测方案，实验结果表明该方法具有较高的检测精度。李健伟等（2018）提出了基于卷积神经网络 SAR 图像舰船目标检测的新方法，包括特征聚合、迁移学习、损失函数设计等，并在数据集上进行了大量的对比实验。苏宁远（2018）

等利用深度学习的高维特征泛化学习能力，将卷积神经网络（CNN）用于海上目标微多普勒的检测和分类，具有更好的性能。胡炎（2018）通过多分辨率归一化制作混合数据的训练样本集，在 Faster-RCNN 框架下设计并构建了一个仅 3 层卷积神经网络用于特征学习，以防止模型过拟合，对 SAR 舰船目标检测具有一定的应用潜力。韩良良（2018）采用基于卷积神经网络的 Faster RCNN 算法进行海洋目标检测，实验结果表明该算法对常见的海上目标识别效果较好。周瑶（2018）通过 Faster R-CNN 算法和 SSD 算法对建立的数据库图像进行学习，通过 Caffe 深度学习框架实现两种深度学习算法的调用，验证了在舰船目标检测与识别领域的可应用性。熊咏平（2018）为了解决复杂海情环境下的舰船检测问题，提出一种实时的深度学习的多尺度目标检测算法，相比原始的 YOLO 算法准确率提升了 16%。曲长文（2019）采用最小外接矩形标记疑似目标作为候选区域，将提取的目标通过训练好的卷积神经网络进行判定去除虚警，实测数据实验表明，该算法在降低虚警的同时提升了检测速度。方梦梁（2019）对 Faster R-CNN 算法进行改进，将图像上采样与特征金字塔网络结合，提高了海面船舶检测性。袁明新等（2019）为了提高海上无人艇的检测精度和速率，利用卷积神经网络、区域建议网络及 FastR-CNN 检测框架构建了舰船检测系统，准确率达到 83.79%。

　　机器学习和深度学习的应用包括机器视觉、自然语言处理、语音识别、数据挖掘、文本分析、智能搜索、个性化推荐、机器人技术等，其中一个重要的应用就是图像识别。本书在人工智能和神经网络飞速发展的背景下，在已有深度学习在遥感影像处理成果的基础上，采用机器学习和深度学习的方法进行基于 SAR 影像的目标检测相关研究。

4.2　OceanTDA 模型构建

　　本研究根据目标的特点将海洋目标分为硬目标和分布目标两类，针对两类目标的特点研究其检测方法。硬目标一般指可以抽象为离散的点状目标，包括海岛、钻井平台、舰船等。分布目标一般指连续面状目标，如海冰、溢油、舰船尾迹等。

4.2.1　目标检测神经网络模型构建

　　与其他深度学习 DL 结构相比，卷积神经网络（CNN）在图像识别方面能够给出更好的结果。虽然传统的多层感知器（MLP）模型成功地用于图像识别，但是由于节点之间的完全连通性，它们遭受维数灾难，因此不能很好地扩展到更高分辨率的图像。例如，在 CIFAR-10 中，图像的大小为 32×32×3（32 宽、32 高、3 个彩色通道），在规则神经网络的第一隐藏层中单个完全连接的神经元具有 32×32×3 = 3072 个权重，然而一个 200×200 的图像将导致具有 200×200×3 = 120000 个权重的神经元。而且，这种网络架构不考虑数据的空间结构，以与接近在一起的像素相同的方式处理相距很远的输入像素。因此，神经元的完全连通性对于由空间局部输入模式支配的图像识别等目的来说是浪费的。

卷积神经网络通过部分连接显著减少了网络连接的数据量，相比全连接进行了降维，但其降维不是随机性的，而是根据空间相关性特点进行的。CNN 的卷积参数在所有神经元中都是一致的，这和全连接相比极大地降低了计算的复杂度。卷积神经网络能够提取平移不变特征，这是其在图像处理领域得到应用的原因之一。一般认为卷积神经网络更适合图像处理，而循环神经网络更适合自然语言处理。

遥感图像本身具有位置结构关系，卷积神经网络的特点决定其可以利用图像的位置结构关系，更好地提取图像的特征。SAR 图像含有丰富的空间结构，采用全连接神经网络既浪费存储和计算资源，又难以发现空间结构特征，采用卷积神经网络可以克服以上弊端。卷积神经网络通过强制相邻层的神经元之间的局部连接模式来利用空间上的局部相关性，每个神经元仅连接图像的局部区域，共享参数，但沿着输入量的整个深度延伸，这样确保网络中的滤波器对图像空间局部输入模式产生最强的响应。

1. OceanTDAx 系列模型构建

VGG 是牛津大学计算机视觉组（Visual Geometry Group，VGG）研发的深度学习网络，探究了卷积神经网络的深度和其性能之间的关系，证明了增加网络的深度能够在一定程度上影响网络最终的性能。VGG 错误率大幅度下降，泛化能力非常好，在不同的图片数据集上都有良好的表现。

作者进行初步实验，对比 MNIST（手写体模型）、VGG 模型框架在硬目标检测中的效果，实验效果显示 VGG 模型框架的效果更好，确定在 VGG 模型框架下进行硬目标检测神经网络模型设计，尝试轻量级神经网络模型的设计。本研究设计了 4 种深度学习模型，分别是 OceanTDA2、A4、A9、A16，如图 4.1 所示。所设计的模型命名为 OceanTDAx 系列，A 后面的数字 x 表示神经网络的层数。OceanTDAx 模型本质上属于卷积神经网络模型，其主要算法是卷积。

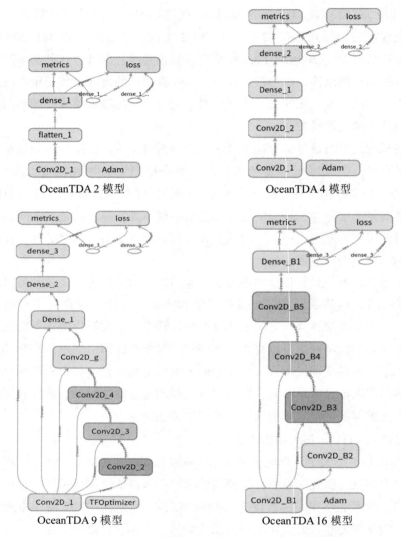

图 4.1　用于海洋目标检测的 OceanTDAx 系列模型

　　以 OceanTDA9 模型为例来介绍 OceanTDAx 系列模型的结构。
OceanTDA9 模型包含 4 个卷积层、1 个卷积组和 3 个全连接层，前 4 个卷积
层形式一样，每层都是 Convolution2D-ReLu-Dropout-Maxpooling；中间卷积组
组织形式是（Convolution2D-ReLu-Dropout）×2-Maxpooling；最后 3 个是密集

全连接 Dense 层，前两组 Dense 层，每组都是 Dense-ReLu-Dropout，最后一个全连接 Dense 层仅有 Dense。

（1）卷积 Convolution2D

卷积过程是使用一个卷积核 W，在每层像素矩阵 X 上不断按滑动步长 Stride 扫描下去，每次扫到的数值 X 会和卷积核 W 中对应位置的数值进行相乘，然后与偏值 b 相加求和，生成一个新的矩阵 $XW+b$。卷积核 W 相当于卷积操作中的一个过滤器，用于提取图像的特征，特征提取后会得到一个特征图。卷积核 W 里面的每个值就是我们需要训练模型过程中的神经元参数，即权重，训练开始时赋予 W 随机的初始值，训练网络过程中，网络会通过后向传播不断更新这些参数值，通过 Loss 损失函数来评估参数值，直到取得最佳的参数值。OceanTDA9 模型开始输入的是长 28 个像素、宽 28 个像素的单通道图像，卷积核的大小是 3×3，滑动步长 Stride 的大小为 2。

（2）ReLU 激活函数

OceanTDA9 模型中的卷积层和全连接层的激活函数都使用 ReLU（Rectified Linear Units，整流线性单元）激活函数，采用 ReLU 激活函数应用非饱和激活函数 $f(x) = \max(0, x)$，可增加决策函数和整个网络的非线性特性，而不影响卷积层的感受野。其他函数也用来增加非线性，例如饱和双曲正切函数 $f(x) = tanh(x)$，$f(x) = |tanh(x)|$ 和 Sigmoid 函数 $f(x) = (1 + e^{-x})^{-1}$。与其他激活函数相比，采用 ReLU 激活函数的训练神经网络速度快几倍，而对泛化精度没有显著影响。

（3）Dropout

OceanTDA9 模型在训练过程中，按照一定的比例将网络中的神经元进行丢弃，可以防止模型训练过拟合的情况。OceanTDA9 模型中 Dropout 都设置成 0.2。

（4）MaxPooling

卷积操作后提取到的特征信息，相邻区域会有相似特征信息，如果全部保留这些特征信息会存在信息冗余，增加计算难度。通过池化可将这些相似特征信息相互替代，不断减小数据的空间大小，参数的数量和计算量会有相应的下降，这在一定程度上控制了过拟合。池化操作相当于降维操作，有最大池化（MaxPooling）和平均池化，根据海洋目标检测特点，OceanTDA9 模型采用核尺寸为 2×2，滑动步长 Stride 为 2 的 MaxPooling，每次池化操作后，矩阵的长宽都降低一半。

（5）Flatten

Flatten 将池化后的数据拉开，变成一维向量来表示，方便输入到全连接网络。OceanTDA9 模型卷积、池化后，经 Flatten 平整化后成为一维 512 个特征的向量，进入全连接层。

（6）Dense

OceanTDA9 模型最后做 3 层 Dense 全连接层，特征由 512 个神经元压缩到 64 个，ReLU 又接 Dropout 0.2 过渡，并再次用一个包含 64 个神经元的全连接 Dense 作为缓冲后进入全连接层 Dense，进一步压缩到 2 个神经元输入损失函数 Loss 层中的 Softmax 进行分类。

（7）损失函数

损失函数层（Loss Layer）用于决定训练过程如何来"惩罚"网络的预测结果和真实结果之间的差异，它通常是网络的最后一层。不同类型的任务采用不同的损失函数，Softmax 交叉熵损失函数常常被用于在 K 个类别中选出一个，而 Sigmoid 交叉熵损失函数常常用于多个独立的二分类问题，欧几里得损失函数常常用于结果取值范围为任意实数的问题。OceanTDA9 模型确定损失函数采用目标分类和模型预测分类之间的交叉熵，其公式为：

$$J(\theta_0, \theta_1) = -\sum_{i=1}^{n} (y_{-i} \log (h_\theta(x_i))) \tag{4.1}$$

式中，y_{-i} 是第 i 个样本的输入值，$h_\theta(x_i)$ 是第 i 个样本 x 的输出值，即 y_i。θ_0 的初值设置为 0.1，θ_1 的初值设置为标准差为 0.1 的正态分布浮点数。OceanTDAx 系列模型训练损失相关性曲线如图 4.2 所示。图中 OceanTDA9 模型训练次数为 275000 次，每次 100 个样本图像，模型训练到 150000 次左右接近拐点，随后损失下降缓慢，此时损失是 0.02 左右，耗时 13982 秒，最后 50 次模型损失均值是 0.0131，标准差是 0.00007。OceanTDA16 模型训练次数也是 275000 次，其他 2 个模型的训练次数设置为 550000 次。模型训练开始时波动较大，随着时间推移，模型损失波动逐渐减少。从模型损失与批次相关曲线可以看出，损失下降由慢到快依次是 2 层、4 层、16 层和 9 层的 OceanTDAx 模型，综合效果表现最好的是 9 层模型 OceanTDA9。

OceanTDAx 系列模型训练精度相关性曲线如图 4.3 所示，从图中模型精度和批次相关曲线可以看出，9 层模型 OceanTDA9 训练精度最好。

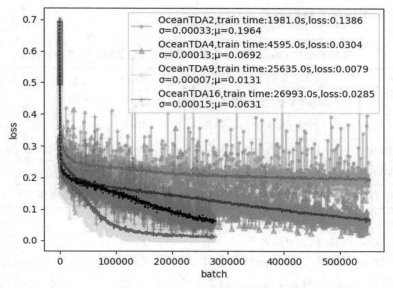

图 4.2 OceanTDAx 系列模型训练损失与批次相关性曲线

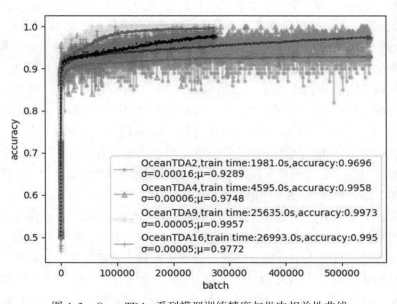

图 4.3 OceanTDAx 系列模型训练精度与批次相关性曲线

OceanTDAx 系列模型训练参数、训练精度、损失、耗时及生成模型大小等的模型训练相关数据见表 4.1。

表 4.1　　**不同层数的 OceanTDAx 系列模型结构与模型训练相关数据**

模型	层数	训练次数	精度		损失		时间耗费	模型大小
		epochs/次数	测试	平均	测试	平均	（s）	（MB）
OceanTDA2	2	1000/550000	0.9696	0.9289	0.1386	0.1964	1981	0.0385
OceanTDA4	4	1000/550000	0.9958	0.9748	0.0304	0.0692	4595	0.2300
OceanTDA9	9	500/275000	0.9973	0.9957	0.0079	0.0131	25635	15.9
OceanTDA16	16	500/275000	0.9950	0.9772	0.0285	0.0631	26993	14.9

2. OceanTDc4 模型构建

本研究基于卷积神经网络构建了 4 层海洋目标检测模型 OceanTDc4 模型，其网络结构如图 4.4 所示，包含 2 个卷积层和 2 个全连接层，2 个卷积层形式一样，都是 conv2d（）-relu（）-max_pool（）；第 1 个全连接层的组织形式是 reshape（）-conv2d（）-relu（），第 2 个全连接层的组织形式是 dropout（）-conv2d（）。每个卷积层卷积核均为 5×5 卷积核，Dropout 设置成 0.2；池化采用的核尺寸均为 2×2，滑动步长 Stride 为 2 的 MaxPooling。小核尺寸有利于捕获更细节的信息，MaxPooling 更容易捕捉图像上的变化，梯度的变化有利于捕获更大的局部信息差异性，更好地描述边缘、纹理等构成语义的细节信息。训练优化方法是 Adam，学习速率为 0.001。特征信息从一开始输入的长 28 个像素、宽 28 个像素的单通道图像逐级变化过程是 28×28→14×14→7×7→1×1，深度 Depth（或 Channel 数）变化过程是 1→32→64，然后将 7×7×64 卷积后的图像平整化后进入全连接层 fc1，特征由 3136 维压缩到 1024 维，ReLU 又接 Dropout 0.2 过渡后进入全连接层 fc2，进一步压缩到 2 维，再输入 Loss 中的 Softmax 进行分类。

第一层卷积由一个卷积接一个 MaxPooling 池化完成。卷积在每个 5×5 的卷积图像块中算出 32 个特征。权重是一个 ［5，5，1，32］ 的张量，前两个维度是卷积核的大小，接着是输入的通道数目，这里是单通道图像，最后是输出的通道数目，得到 32 个特征的图像。输出对应一个同样大小的偏置向量 b_conv1。把 x_image 和权重向量 W_conv1 进行卷积相乘，加上偏置 b_conv1，使用 ReLU 激活函数，最后通过 MaxPooling 池化将图片降维成 14×14 的图片，实现代码如下：

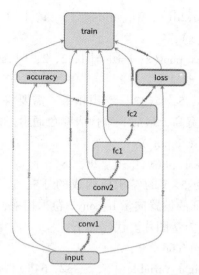

图 4.4　海洋目标检测模型 OceanTDc4 的网络结构

with tf. name_scope('conv1'):

W_conv1 = weight_variable([5, 5, 1, 32])

b_conv1 = bias_variable([32])

h_conv1 = tf. nn. relu(conv2d(x_image, W_conv1) + b_conv1)

h_pool1 = max_pool_2x2(h_conv1)

在创建模型前，首先创建权重和偏置并对其进行初始化。初始化时应加入轻微噪声，来打破对称性，防止零梯度的问题。对于 ReLU 激活，应用稍大于 0 的值来初始化偏置以避免节点输出恒为 0。为了不在建立模型的时候反复做初始化操作，权重和偏置初始化函数定义如下：

def weight_variable(shape):

initial = tf. truncated_normal(shape, stddev=0. 1)

return tf. Variable(initial)

def bias_variable(shape):

initial = tf. constant(0. 1, shape=shape)

return tf. Variable(initial).

在海洋目标检测中，卷积使用 1 步长（stride size），0 边距（padding size）的模板，保证输出和输入是同一个大小。池化用简单传统的 2×2 大小的模板做 MaxPooling。卷积和池化函数定义如下：

```
def conv2d( x, W) :
    return tf. nn. conv2d( x, W, strides = [ 1, 1, 1, 1], padding = 'SAME')
def max_pool_2x2( x) :
    return tf. nn. max_pool( x, ksize = [ 1, 2, 2, 1], strides = [ 1, 2, 2, 1],
padding = 'SAME')
```

为了能与权重 [5, 5, 1, 32] 卷积相乘, 需要将 x 变成一个 4D 向量, 第 2、3 维对应图片的宽高, 最后一维代表颜色通道。即

```
with tf. name_scope( 'input') :
    x_image = tf. reshape( x, [ -1, 28, 28, 1])
```

第二层卷积也是由 5×5 的卷积核构成的 [5, 5, 32, 64] 的权重向量 W_conv2 与有 64 个特征的偏置向量 b_conv2 卷积相乘, 通过 ReLU 激活后池化成具有 64 个特征的 7×7 图片。代码如下:

```
with tf. name_scope( 'conv2') :
    W_conv2 = weight_variable( [ 5, 5, 32, 64])
    b_conv2 = bias_variable( [ 64])
    h_conv2 = tf. nn. relu( conv2d( h_pool1, W_conv2) + b_conv2)
    h_pool2 = max_pool_2x2( h_conv2)
```

第一层全连接将 64 个特征的 7×7 图片重构成具有 3136 个元素的向量, 与 W_fc1 权重向量 [7×7×64, 1024] 卷积相乘后, 加上偏置 b_fc1, 经 ReLU 激活后得到具有 1024 个元素的向量。代码如下:

```
with tf. name_scope( 'fc1') :
    W_fc1 = weight_variable( [ 7 * 7 * 64, 1024])
    b_fc1 = bias_variable( [ 1024])
    h_pool2_flat = tf. reshape( h_pool2, [ -1, 7 * 7 * 64])
    h_fc1 = tf. nn. relu( tf. matmul( h_pool2_flat, W_fc1) + b_fc1)
```

第二层全连接前为了减少过拟合, 加入 Dropout。用一个 placeholder 来代表一个神经元在 Dropout 中被保留的概率。这样在训练过程中可以启用 Dropout, 在测试过程中可以关闭 Dropout。通过与权重向量 [1024, 2] 相乘加上偏置 b_fc2 后将 1024 个特征分成 2 类。代码如下:

```
with tf. name_scope( 'fc2') :
    keep_prob = tf. placeholder( tf. float32)
    h_fc1_drop = tf. nn. dropout( h_fc1, keep_prob)
    W_fc2 = weight_variable( [ 1024, 2])
    b_fc2 = bias_variable( [ 2])
```

y_conv = tf. matmul(h_fc1_drop, W_fc2) + b_fc2

输出层采用分类交叉熵的平均值作为损失值，计算精度，通过 Adam 训练优化算法，以指定的 0.001 的学习速率最小化交叉熵。代码如下：

with tf. name_scope('loss'):

    cross _ entropy = tf. nn. softmax _ cross _ entropy _ with _ logits (labels = y_,
logits = y_conv)

    cross_entropy = tf. reduce_mean(cross_entropy)

with tf. name_scope('accuracy'):

    correct_prediction = tf. equal(tf. argmax(y_conv, 1), tf. argmax(y_, 1))

    correct_prediction = tf. cast(correct_prediction, tf. float32)

    accuracy = tf. reduce_mean(correct_prediction)

with tf. name_scope('train'):

    train _ step = tf. train. AdamOptimizer (FLAGS. learning _ rate). minimize
(cross_entropy)

3. OceanTDvgg8 模型构建

构建 OceanTDvgg8 模型，其网络结构如图 4.5 所示，包含 5 个卷积层和 3 个全连接层，5 个卷积形式一样，每组都是 Convolution2D-ReLu-Dropout-MaxPooling；最后 3 个是密集全连接 Dense 层，前两组 Dense 都是 Dense-ReLu-Dropout；最后一个全连接 Dense 层仅有 Dense。每个卷积层卷积核均为 3×3 小卷积核，Dropout 设置成 0.2；所有池化采用核尺寸均为 2×2，滑动步长 stride 为 2。训练优化方法采用 Adam，特征信息从一开始输入的长 28 个像素，宽 28 个像素的单通道图像逐级递减过程是 14×14→7×7→4×4→2×2→1×1，深度 Depth（或 Channel 数）逐级变化过程是 1→64→128→256→512，然后将 1×1×512 卷积后的图像平整化后进入全连接层 Dense，特征由 512 维变化到 2048 维，ReLU 又接 Dropout 0.5 过渡并再次用一个 2048 个神经元的全连接 Dense 作为缓冲，然后进入全连接层 Dense 进一步压缩到 2 维，再输入 Softmax 进行分类。

4.2.2 目标检测神经网络模型训练

1. 模型训练实验对比

采用 Adam、RMSProp、SGD、Adagrad、Momentum、GDO、Adadelta 等神经网络优化算法对 OceanTDA9 模型训练 8250 次，其训练损失与训练次数的关系曲线如图 4.6 和图 4.7 所示。为比较各种优化算法对海洋目标检测的适应性，学习速率等参数按算法默认值设置。从训练损失与次数的曲线可见

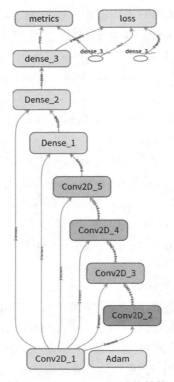

图 4.5　OceanTDvgg8 网络结构

OceanTDA9 采用 Adam 优化算法训练效果最好。

　　用上述七种训练算法训练 OceanTDA9 模型实验的精度与训练次数的关系曲线如图 4.8 和图 4.9 所示，训练效果最好的也是 Adam 模型优化算法。

　　OceanTDA9 模型的七种优化算法的训练结果的影响如表 4.2 所示，表中测试精度和测试损失是模型训练结束后在测试数据集上计算的精度和损失，平均精度和平均损失是模型训练到最后 50 次精度和损失的平均值。模型采用每种优化算法训练 8250 次，每次 100 个样本数据。测试精度最高的是 Adam 模型优化算法，精度达 0.9992；次之是 RMSProp 模型优化算法和 Momentum 模型优化算法，精度达 0.9984。综合表中数据，采用 Adam 优化算法对 OceanTDA9 模型训练效果最好，测试精度达 0.9992，平均精度为 0.9194，测试损失仅为 0.0594，平均损失为 0.2162。

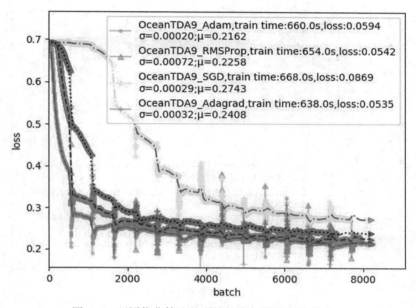

图 4.6 不同优化算法的训练损失与训练次数关系一

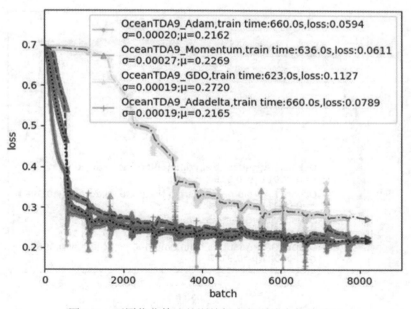

图 4.7 不同优化算法的训练损失与训练次数关系二

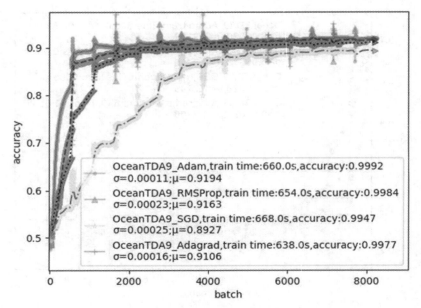

图 4.8　不同优化算法的训练精度与训练次数关系一

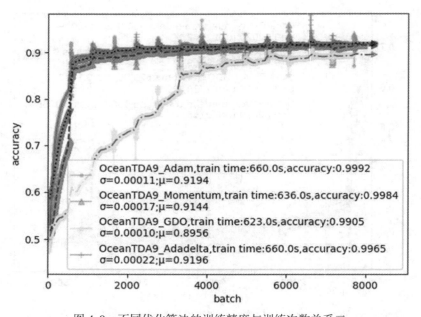

图 4.9　不同优化算法的训练精度与训练次数关系二

表 4.2　　　　　　　　**不同优化方法对模型训练结果的影响**

模型	优化算法	训练次数	精度		损失		时间耗费（s）	模型大小（MB）
		epochs/次数	测试	平均	测试	平均		
OceanTDA9_Adam	Adam	15/8250	0.9992	0.9194	0.0594	0.2162	660	15.9
OceanTDA9_RMSProp	RMSProp	15/8250	0.9984	0.9163	0.0542	0.2258	654	15.9
OceanTDA9_SGD	Stochastic Gradient Descent	15/8250	0.9947	0.8927	0.0869	0.2743	668	15.9
OceanTDA9_AdaGrad	AdaGrad	15/8250	0.9977	0.9106	0.0535	0.2408	638	15.9
OceanTDA9_Momentum	Momentum	15/8250	0.9984	0.9144	0.0611	0.2269	636	15.9
OceanTDA9_GDO	Gradient Descent	15/8250	0.9905	0.8956	0.1127	0.2720	623	15.9
OceanTDA9_AdaDelta	AdaDelta	15/8250	0.9965	0.9196	0.0789	0.2165	660	15.9

2. 训练算法改进及实验

损失函数 $J(\theta)$ 关于参数 θ 的梯度是函数上升最快的方向，函数的最小优化问题需要将参数沿着梯度相反的方向前进一个步长。随机梯度下降算法参数更新表达式：

$$\theta = \theta - \eta \cdot \frac{\partial}{\partial \theta} J(\theta) \tag{4.2}$$

但随机梯度下降算法的缺陷是不能保证全局收敛，针对凸优化问题理论上是可以收敛到全局最优的，但神经网络模型是属于复杂的非线性结构，存在多个局部最优点（鞍点），大多属于非凸优化问题，所以采用梯度下降算法可能会陷入局部最优，无法保证收敛到全局最优。训练的关键在于调参，梯度下降算法的学习速率是一个重要参数，学习速率过小则收敛速度慢，而过大则可能导致训练震荡或发散。调参的目标要达到收敛速度尽量快，而且能全局收敛。

AdaGrad 算法改变了随机梯度下降算法（SGD）的缺陷，实现了学习速率自适应，解决了 SGD 方法中学习速率一直不变的问题。但仍然需要手动设定初始学习速率，由于分母中对历史梯度一直累加，学习速率将逐渐下降至 0，并且如果初始梯度很大的话，会导致整个训练过程的学习速率一直很小，从而导致学习时间变长。AdaGrad 算法公式如下：

$$\theta_t \leftarrow \theta_{t-1} - \frac{\eta}{\sqrt{\sum\limits_{i=1}^{t} g_i^2}} \odot g_t \tag{4.3}$$

为解决 AdaGrad 算法更新时全部累积造成的学习速率较低的问题，对梯度累积采用窗口累积方法，从梯度累积中按窗口取子集进行累积，以此调节学习速率。为了反映当前的梯度趋势，所有梯度累积子集是从前 t_m 时刻到当前 t_n 时刻的窗口梯度累积，为了兼顾反映总体的梯度趋势，增加一项 t_m 前所有梯度的累积平均值。针对不同的训练数据，其累积窗口是可以调整的，通过 m 的大小来控制窗口的大小，从而调整累积的大小。改进后算法的更新公式如下：

$$\theta_t \leftarrow \theta_{t-1} - \frac{\eta}{\frac{1}{m}\sqrt{\sum\limits_{i=1}^{t_m} g_i^2} + \sqrt{\sum\limits_{i=t_m}^{t_n} g_i^2}} \odot g_t \tag{4.4}$$

为简化公式可以去掉公式中分母的平均累积项 $\dfrac{1}{t_1}\sqrt{\sum\limits_{i=1}^{t_1} g_i^2}$

对 AdaGrad 梯度算法进行改进，建立 WinR-Adagrad 算法（Windows Restricted Adagrad），其原理如图 4.10 所示。对该算法进行实验验证，其收敛效果优于 AdaGrad 算法，和其他 AdaGrad 改进算法——RMSprop 算法、AdaDelta 算法相比，在收敛效果类似的情况下，本研究的算法更简洁。

采用改进的优化训练算法 WinR-Adagrad 对 OceanTDA9 模型进行训练，WinR-Adagrad 算法的学习速率设置为 0.01，为比较各种优化算法对海洋目标检测的适应性，所有参数都按算法默认值设置。

模型训练优化算法流程如图 4.11 所示，具体介绍如下：

①确定损失函数：

$$J(\theta_0, \theta_1, \cdots, \theta_n) = \frac{1}{2m}\sum\limits_{j=0}^{m} (h_\theta(x_0^j, x_1^j, \cdots, x_n^j) - y_j)^2 \tag{4.5}$$

②初始化算法相关参数，初始化步长 η，算法终止距离 ε，θ_0，θ_1，$\cdots$，θ_n 的值。

③计算当前位置损失函数的梯度，并保存 t_1 时刻的梯度。

$$\frac{\partial}{\partial \theta_i} J(\theta_0, \theta_1, \cdots, \theta_n) \tag{4.6}$$

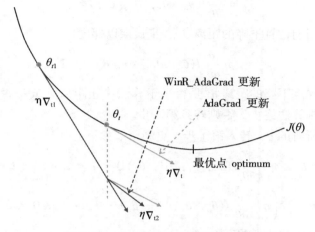

图 4.10 WinR_AdaGrad 算法示意图

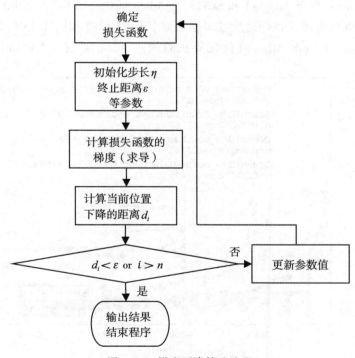

图 4.11 梯度下降算法流程

$$\theta_{t1} = \frac{\partial}{\partial \theta_i} J(\theta_0, \ \theta_1, \ \cdots, \ \theta_n)\, i = t_1 \tag{4.7}$$

④计算当前位置下降的距离 d_i，步长乘以梯度。

$$\eta \frac{\partial}{\partial \theta_i} J(\theta_0, \ \theta_1, \ \cdots, \ \theta_n) \tag{4.8}$$

⑤判断梯度下降的距离 d_i 是否小于算法终止距离 ε 或是否达到训练次数，如果是则算法终止，否则转到第⑥步。

⑥更新所有的 θ，转入第①步。更新函数如下：

$$\theta_i = \theta_i - \eta \cdot \frac{\partial}{\partial \theta_i} J(\theta_0, \ \theta_1, \ \cdots, \ \theta_n)\, 0 < i < t_1 \,\text{or}\, t_1 < i < t \tag{4.9}$$

$$\theta_i = \theta_{t1} - \delta \left(\eta \cdot \frac{\partial}{\partial \theta_i} J(\theta_0, \ \theta_1, \ \cdots, \ \theta_n) - \theta_{t1} \right) i = t, \ 0 < \delta < 1 \tag{4.10}$$

⑦算法结束输出结果。

模型训练了 8250 次，训练损失与训练次数的曲线如图 4.12 所示，训练精度与训练次数的曲线如图 4.13 所示。由实验结果可见，改进的优化算法 WinR-Adagrad 优于 Adagrad 和 SGD，与 Adam 优化算法相当，WinR-Adagrad 和 Adam 算法对海洋目标适应效果也最好。从图 4.12 和图 4.13 的放大效果可见，改进的 WinR-Adagrad 优化算法曲线比 Adam 要细，即曲线的标准差

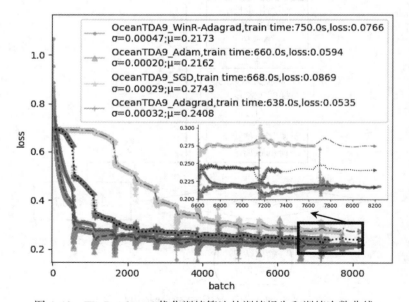

图 4.12　WinR-Adagrad 优化训练算法的训练损失和训练次数曲线

优于 Adagrad 优化训练算法和其改进算法 Adam。总之，改进的优化算法 WinR-Adagrad 除了时间耗费外，测试精度、平均精度和平均损失均优于 AdaGrad 和 SGD，测试损失介于 AdaGrad 和 SGD 之间，平均损失采用 Adam 优化训练算法效果最好。

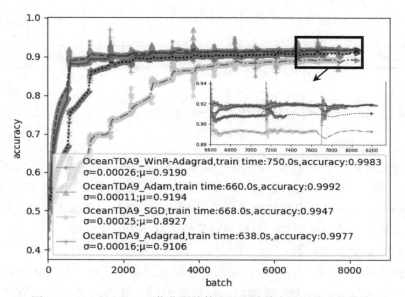

图 4.13　WinR-Adagrad 优化训练算法的训练精度和训练次数曲线

采用改进的优化训练算法 WinR-Adagrad 与其他算法训练 OceanTDA9 模型的实验结果如表 4.3 所示。表中的测试精度和测试损失是模型训练结束后在测试数据集上计算的精度和损失，平均精度和平均损失是模型训练到最后 50 次精度和损失的平均值。采用每种优化训练算法对模型都训练了 8250 次，每次 100 个样本数据。改进的优化算法 WinR-Adagrad 除了时间耗费外，测试精度、平均精度和平均损失均优于 AdaGrad 和 SGD，测试损失介于 AdaGrad 和 SGD 之间，综合指标与 Adam 优化算法相当。

表 4.3　改进的优化算法 WinR-Adagrad 与其他优化算法训练结果对比

模型	优化算法	训练次数	精度		损失		时间耗费	模型大小
		epochs/次数	测试	平均	测试	平均	（s）	（MB）
OceanTDA9	WinR-Adagrad	15/8250	0.9983	0.9190	0.0766	0.2173	750	15.9

续表

模型	优化算法	训练次数	精度		损失		时间耗费	模型大小
		epochs/次数	测试	平均	测试	平均	（s）	（MB）
OceanTDA9	Adam	15/8250	0.9992	0.9194	0.0594	0.2162	660	15.9
OceanTDA9	Stochastic Gradient Descent	15/8250	0.9947	0.8927	0.0869	0.2743	668	15.9
OceanTDA9	AdaGrad	15/8250	0.9977	0.9106	0.0535	0.2408	638	15.9

4.2.3　目标检测模型优化及评估

1. 模型调参

神经网络中的参数分为两类：模型参数（Parameters），由模型通过学习得到的变量，如权重 w 和偏置 b；算法参数，又称为超参数（HyperParameters），根据经验进行设定，影响到权重 w 和偏置 b 的大小，如迭代次数、隐藏层的层数、每层神经元的个数、学习速率等。

（1）确定损失函数

损失函数（Loss Function）用来度量模型拟合的程度，损失函数极小化所对应的模型参数即为最优参数。初始值不同，获得的最小值也有可能不同，如果损失函数是凸函数，则一定是最优解，否则下降求得的只是局部最小值，为规避局部最优解风险，需要设置初始值运行算法，关键是选择损失函数的最小值，即最小化的初值。本书确定损失函数采用目标分类和模型预测分类之间的交叉熵，其公式为：

$$J(\theta_0, \theta_1) = -\sum_{i=1}^{n} (y_{-i} \log (h_\theta(x_i))) \tag{4.11}$$

式中，y_{-i} 是第 i 个样本的输入值，$h_\theta(x_i)$ 是第 i 个样本 x 的输出值，即 y_i。θ_0 的初值设置为 0.1，θ_1 的初值设置为标准差为 0.1 的正态分布浮点数。

（2）步长的设置和调整

步长（Learning Rate，学习速率）为梯度下降迭代过程中沿梯度负方向前进一步的长度。步长设置关系到检测效果，步长太大会导致迭代过快错过最优解，步长太小迭代速度太慢模型无法有效运行。本研究初始步长设置方法是根据数据样本，先确定初始值，初步判断迭代速度和效果，据此从大到小选择步长，并分别运行测试，如果损失函数变小，则算法取值有效，否则增大步长。

分别设置 η = 0.1、0.01、0.001、0.0001 等步长值（学习速率），对 OceanTDA9 模型训练了 27500 次，其训练损失与训练次数的曲线如图 4.14 所示。从图中可以看出对于所构建海洋目标检测模型 OceanTDA，采用 0.0001 和 0.001 学习速率实验效果最好，经比较，学习速率为 0.1 的 OceanTDA 模型实验效果最差。训练精度与训练次数的曲线如图 4.15 所示，实验效果最好的是采用 0.0001 和 0.001 学习速率的海洋目标检测 OceanTDA 模型。

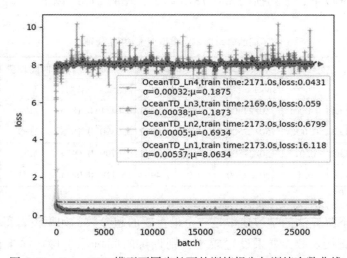

图 4.14　OceanTDA 模型不同步长下的训练损失与训练次数曲线

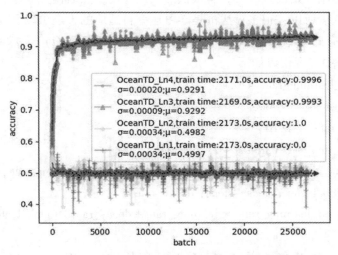

图 4.15　OceanTDA 不同学习速率下的训练精度与训练次数曲线

OceanTDA 模型采用不同的学习速率训练得到的实验结果数据如表 4.4
所示，模型都训练 27500 次，每次 100 个样本数据。表中测试精度和测试损
失是模型训练结束后在测试数据集上计算的精度和损失，平均精度和平均损
失是模型训练到最后 50 次精度和损失的平均值。实验数据显示，采用
0.0001 和 0.001 学习速率的 OceanTDA_Ln4 和 OceanTDA_Ln3 的实验效果最
好，训练 27500 次测试精度达 0.999 以上，平均精度达 0.929 以上；测试损
失在 0.059 以下，平均损失在 0.1875 以下，用时 2171s 以下。

表 4.4　　　　　　　　　不同的学习速率对模型训练结果的影响

模型	学习速率	训练次数 epochs/次数	精度		损失		时间耗费（s）	模型大小（MB）
			测试	平均	测试	平均		
OceanTDA_Ln4	0.0001	50/27500	0.9996	0.9291	0.0431	0.1875	2171	15.9
OceanTDA_Ln3	0.001	50/27500	0.9993	0.9292	0.0590	0.1873	2169	15.9
OceanTDA_Ln2	0.01	50/27500	1.0	0.4982	0.6799	0.6934	2173	15.9
OceanTDA_Ln1	0.1	50/27500	0.0	0.4997	16.118	8.0634	2173	15.9

梯度下降算法的学习速率是一个最重要的超参数，如果设置得很大，则
训练可能直接发散，如果设置较小，则训练时间可能过慢；如果设置得稍
大，则训练速度可以接受但接近最优点可能会发生震荡而无法稳定。理想的
学习速率是刚开始设置较大，有很快的收敛速度，然后慢慢衰减，保证稳定
到达最优点。所以，很多算法都是学习速率自适应的，还可以手动实现这样
一个自适应过程，如实现学习速率指数式衰减：$\eta(t) = \eta_0 \, 10^{-t/r}$。在
TensorFlow 中实现代码如下：

```
initial_learning_rate = 0.1
decay_steps = 10000
decay_rate = 1/10
global_step =tf.Variable（0, trainable=False）
learning_rate = tf.train.exponential_decay（initial_learning_rate,
    global_step, decay_steps, decay_rate）
# decayed_learning_rate = learning_rate * decay_rate ^（global_step / decay_steps）
optimizer = tf.train.MomentumOptimizer（learning_rate, momentum=0.9）
training_op =optimizer.minimize（loss, global_step=global_step）
```

2. 模型训练

（1）特征归一化

样本特征的取值范围不同，这可能导致迭代较慢，为了避免此弊端，需要对特征数据进行归一化处理。本书采用的归一化公式如下：

$$\frac{x - \mu}{\sigma} \tag{4.12}$$

其中，μ 为特征的期望，σ 为方差。这样特征的新期望为 0，新方差为 1，迭代次数可以大大加快。

（2）训练模型

本书确定训练的损失函数为目标分类和模型预测分类之间的交叉熵，采用反向传播算法和所改进的梯度下降算法 WinR-Adagrad，以 0.01 的学习速率不断地修改变量以最小化交叉熵。模型训练流程如图 4.16 所示。

模型构建好后，调用编译（compile）方法配置该模型的学习流程：

model. compile(optimizer = adaGrad, loss = ′categorical_crossentropy′,

metrics = [′accuracy′])

r_adaGrad = RadaGrad（tn = 10, delta = 0.6）#初始化间隔距离 tn 和修正系数 delta

r_adaGrad. restrictive（model）# 修正模型

Compile 中的 Optimizer 参数指定训练优化方法，可从 tf. train 模块向其传递优化器实例，例如 AdamOptimizer、AdagradOptimizer 或 AdadeltaOptimizer 等，这里采用的是待修正的 Adagrad 优化器。参数 Loss 指定优化期间最小化的函数，常见选择包括均方误差（Mse）、分类交叉熵（Categorical_Crossentropy）（超过 2 个类别时使用较好）和二进制交叉熵（Binary_Crossentropy）（不超过 2 个类别时使用较好），这里采用的是分类交叉熵损失函数。由名称或通过从 tf. keras. losses 模块传递可调用对象来指定，这里采用的是分类交叉熵 categorical_crossentropy。参数 metrics 用于监控训练，是由字符串名称或通过从 tf. keras. metrics 模块传递可调用对象，这里设置监控输出精度 accuracy。

RadaGrad 是对 Adagrad 优化方法的修正类，按照上面 WinR-Adagrad 算法设置时间间隔 tn 为 10 批次，梯度修正系数 delta 为 0.6。r_adaGrad. restrictive（model）是调用 WinR-Adagrad 算法对 Adagrad 优化算法进行修正。适应海洋目标检测的及时性，将设计的模型和适应该模型的数据集加载到内存，使用 fit 方法使模型与训练数据"拟合"。

model. fit（X_train, y_train, epochs = FLAGS. max_steps, batch_size =

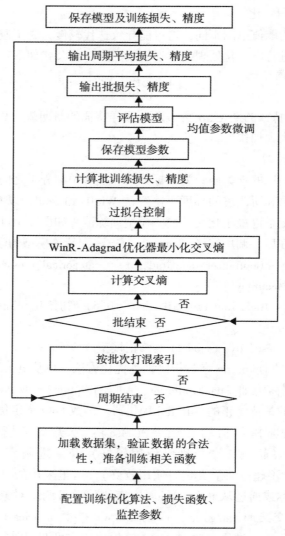

图 4.16　海洋硬目标检测模型训练流程

FLAGS. batch_size）

　　fit 中的 X_train，y_train 分别将训练数据集及标签加载到内存。周期 epochs 以周期为单位进行训练，一个周期是对整个输入数据的一次迭代，根据海洋目标检测精度需求，周期 epochs 的迭代次数一般设置为 15～150。参数 batch_size 是模型将数据分成较小的批次，并在训练期间迭代这些批次，用 batch_size 指定每个批次的大小，如果样本 X_train 总数不能被批次 batch_size 整除，则最后一个批次可能更小。适应海洋目标检测需求批次 batch_size 一般设置为 100 个样本。

训练数据经 fit 验证数据的合法性及训练相关的函数后，就开始按周期分批训练模型。

```
callbacks. on_train_begin( )
for epoch in range( initial_epoch, nb_epoch) :
    callbacks. on_epoch_begin( epoch)
    …
    for batch_index, ( batch_start, batch_end) in enumerate( batches) :
        callbacks. on_batch_begin( batch_index, batch_logs)
        …
        callbacks. on_batch_end( batch_index, batch_logs)
    callbacks. on_epoch_end( epoch, epoch_logs)
callbacks. on_train_end( )
return model. history
```

训练的关键点都存在回调函数。回调函数 callbacks. on_train_begin（ ）在训练开始时调用，指定 logs 保存的目录，callbacks. on_epoch_begin 在每个周期开始调用，记录本次 epoch 的历史信息，在每个周期的循环中，主要是对每个 epoch 进行循环，其中核心针对每个 batch 的处理，按照 batch 批次打混索引，得到一个批次的索引后，进入 batch 批次循环。回调函数 callbacks. on_batch_begin 的 logs 包含 size，即当前 batch 的样本数，batch 批次循环对指定的样本数进行训练，学习权重、偏置，计算损失、精度等。

本书定义训练的损失函数为目标分类和模型预测分类之间的交叉熵，采用反向传播算法和修正的 WinR-Adagrad 梯度下降算法，以 0.01 的学习速率不断地修改变量以最小化交叉熵。

```
categorical_crossentropy = tf. reduce_mean( tf. nn. softmax_cross_entropy_with_logits( labels = y_, logits = y_ocean) )
train_batch = tf. train. WinR-AdagradOptimizer（ FLAGS. learning_rate ）. minimize( categorical_ crossentropy )
```

相比于总损失，在训练过程中的单项损失尤其值得注意。但是由于训练中使用的数据批量比较小，损失值中夹杂了相当多的噪声。为减少噪声的影响，采用分类交叉熵的平均值作为每个批次的总损失。实验表明，相较于原始值，采用分类交叉熵的平均值后的训练模型的检测效果更好。为了减少过

139

拟合，在 feed_drop 中加入额外的参数 keep_drop 来控制 Dropout 比例。然后每 100 次迭代输出一次日志。

summary，_ = sess. run（［merged，train_batch］，feed_drop = feed_drop
（1））

每批结束时，回调函数 callbacks. on_batch_end 是主要的回调函数，logs 包含 loss，若启用 Accuracy 则还包含 acc 等。callbacks. on_epoch_end 回调函数计算每个 epoch 训练数据的损失 loss 以及精度 acc 的平均值。callbacks. on_train_end 回调函数在每次训练结束时将对训练数据训练的模型等数据保存到文件中。训练结束后反馈包含 loss 以及 acc 值的历史 History 对象。

主要的回调函数代码如下所示：

①callbacks. on_batch_end（）

```
#keras. callbacks. BaseLogger. on_batch_end（）
```

#统计该 batch 里面训练的 loss 以及 acc 的值，乘以 batch_size 后计入 totals。

```
def on_batch_end( self, batch, logs = None) :
    logs = logs or { }
    batch_size = logs. get( 'size', 0)
    self. seen += batch_size
        for k, v in logs. items( ) :
            if k in self. stateful_metrics :
            self. totals[ k ] = v
            else :
                if k in self. totals :
                    self. totals[ k ] += v * batch_size
                else :
                    self. totals[ k ] = v * batch_size
```

②callbacks. on_epoch_end（）

```
# keras. callbacks. BaseLogger. on_epoch_end ( )
```

#计算每个 epoch 训练数据的 loss 及 acc 的平均值。

```
def on_epoch_end( self, epoch, logs = None) :
    if logs is not None :
        for k in self. params[ 'metrics' ] :
            if k in self. totals :
                # Make value available to next callbacks.
```

```
              if k in self. stateful_metrics：
                    logs[k] = self. totals[k]
        else：
              logs[k] = self. totals[k] / self. seen
```

采用改进的优化训练算法 WinR-Adagrad 对 OceanTDA9 模型进行训练，学习速率设置为 0.01，间隔距离 tn 设置为 10，修正系数 delta 设置为 0.6，训练 8250 次，最后 10 次的损失 loss 和精度 acc 训练输出结果如表 4.5 所示，此时模型的损失为 0.2179，精度为 91.88%。

表 4.5 　　　　　　**WinR-Adagrad 对 OceanTDA9 模型训练结果**

训练数据	训练损失 loss	训练精度 acc
54100/55000	0.2179	0.9187
54200/55000	0.2178	0.9187
54300/55000	0.2180	0.9186
54400/55000	0.2179	0.9187
54500/55000	0.2178	0.9187
54600/55000	0.2178	0.9187
54700/55000	0.2177	0.9188
54800/55000	0.2178	0.9188
54900/55000	0.2179	0.9188
55000/55000	0.2179	0.9188

3. 模型评估

模型训练好后，就可调用 evaluate（）方法在测试数据集上测试评估模型的性能。

loss, accuracy = model. evaluate(X_test, y_test)

evaluate（）方法验证数据的有效性后，首先采用 tf. argmax（）预测正确的标签，tf. argmax（）能返回在一个张量里沿着某条轴的最高条目的索引值，例如 tf. argmax（y_ocean, 1）是模型认为每个输入最有可能对应的那些标签，而 tf. argmax（y_, 1）代表正确的标签。然后用 tf. equal 来检测模型预测是否与真实标签匹配，一般函数会返回一组布尔值，为了确定正确预测项的比例，可以把布尔值转换成浮点数，然后取平均值。损失采用分类交叉熵的平均值作为每个批次的总损失。

correct_prediction = tf. equal(tf. argmax(y_ocean, 1), tf. argmax(y_, 1))

accuracy = tf. reduce_mean(tf. cast(correct_prediction, tf. float32))

categorical_crossentropy = tf. reduce_mean(tf. nn. softmax_cross_entropy_with
logits(labels = y, logits = y_ocean))

evaluate（）返回模型配置时需要返回的损失 loss 和精度 accuracy，可将这些简要信息保存到文件中，通过可视化软件进行可视化，以便利用这些简要信息进一步评估模型。同时训练脚本会为所有学习变量计算其移动均值，评估脚本则直接将所有学习到的模型参数替换成对应的移动均值，这一替代方式可以在评估过程中改善模型的性能。

采用改进的优化算法 WinR-Adagrad 的 9 层 OceanTDA9 模型，学习速率设置为 0.01，间隔距离 tn 设置为 10，修正系数 delta 设置为 0.6，训练 8250 次后的模型，对测试数据集的 10000 个样本图像进行评估，损失为 0.0766，精度为 99.83%，用时 3.345 秒。

4. 模型保存

模型训练好后，通过 Gfile（）方法将模型保存成 pb（Protocol Buffers，pb）格式的文件，便于海洋硬目标检测时调用。具体实现代码如下：

output _ graph _ def = graph _ util. convert _ variables _ to _ constants(sess, sess. graph_def, output_ node_names = ['dense_3/Softmax'])

with tf. gfile. GFile(FLAGS. modelfile, mode = 'wb') as f: f. write(output_
graph_def. Serialize- ToString())

4.3　研究区域及数据选取

4.3.1　SAR 技术发展

海洋目标检测是根据海洋背景和目标在遥感图像上表现出的不同图像特征和差异，进行人工或计算机自动预处理和情报判读处理，判断目标是否存在，采用特定的方法区分背景和目标，在给定的影像中精确地给出目标位置、大小、形状等，进而识别出目标的类别，为海洋目标的特征提取奠定基础。海洋目标检测主要解决的问题是目标在哪里、是什么、特征怎样。目标检测一般流程包括：①区域选择和图像预处理；②候选目标，大多采用滑动窗口对图像进行遍历；③目标精确提取；④目标类别识别；⑤目标特征提取。由于影像来源不同、光照变化多样性、背景多样性、目标类别和形态多样性、目标尺度变化范围较大、存放角度和姿态不定、海洋背景广阔、目标位置范围大，目标检测具有一定的挑战性。

雷达系统作为一种主动探测系统，能够全天候、全天时地获得关于地表信息的全面记录和侦查，因此成为观测地球和开发环境资源的重要工具（郭睿，2012）。合成孔径雷达（Synthetic Aperture Radar，SAR）利用雷达与目标间的相对运动，将雷达在每个不同位置上接收到的目标回波信号进行相干处理，从而获得很高的目标方位分辨率，同时应用脉冲压缩技术获得很高的距离分辨率，对地物目标及空间目标等进行高精度观测（Ian G 等，2007）。SAR 在军事和民用领域都有广泛应用，如战场侦察、火控、制导、导航、资源勘测、地图测绘、海洋监视、环境遥感等。

合成孔径雷达（SAR）发展水平的高低已经成为衡量一个国家军事力量与综合国力的重要指标之一。国外成熟的 SAR 系统包括美国 NASA/JPL 的 AIRSAR 全极化系统，丹麦遥感中心开发的 EMI-SAR 系统，德国空间中心（DLR）的 E-SAR 系统，密歇根环境研究所（ERIM）开发的 NAWC/ERIMSAR 系统，加拿大的 CCRS/MDA SAR（韩昭颖，2005）。我国在 SAR 传感器以及数据处理方面开展了大量的研究，并取得了一定的成果。在机载 SAR 方面，中国测绘科学研究院牵头研制了国内首套具有自主知识产权的机载多波段多极化干涉 SAR 测图系统（CASMSAR），突破了多项核心技术，实现全天时、全天候获取高分辨率数据，实时有效地监测地理国情；中国电子科技集团公司第 38 所研制了 CET38-SAR 系统。在星载 SAR 方面，中科院电子所牵头研制了高分三号卫星合成孔径雷达系统，是中国首颗分辨率达到 1m 的 C 频段多极化 SAR 成像卫星，具有 12 种成像模式，可以满足海洋、减灾、水利、气象和其他用户的广泛需求，有效改变我国高分辨率 SAR 图像依赖进口的现状。

极化 SAR 的出现大大拓宽了 SAR 的应用领域，极化 SAR 中提取地球物理的信息可以满足海洋资源调查、减灾救灾、环境保护等领域的更高需求。随着 SAR 系统的成熟和极化 SAR 系统投入使用（Werninghaus R 等，2004；Dreuillet P 等，2003），SAR 影像数据的获取更加便捷经济，大量信息得到收集及记录。因此，如何从这些丰富的 SAR 数据中进行海洋目标的检测、特征分析、参数提取，成为海洋领域研究的重要内容。

4.3.2 研究区域和数据选取

1. 研究区域选取

本文选取渤海海域为研究区域，其位置为北纬 37°07′ ~ 40°56′ 和东经

117°33′～122°08′之间。渤海海域是由辽东湾、渤海湾、莱州湾、中央海盆 4
部分组成。渤海海域范围如图 4.17 所示。

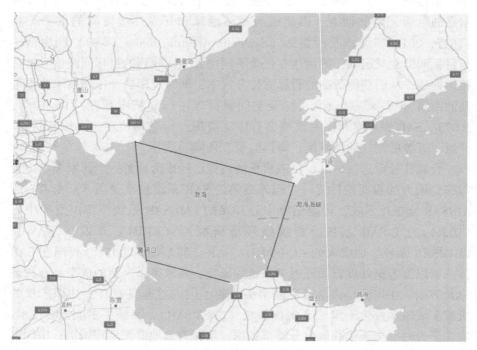

图 4.17   渤海海域范围

辽东湾，为中国渤海三大海湾之一，位于渤海东北部，地处北纬 39°，
河北省大清河口到辽东半岛南端老铁山角以北的海域。海底地形自湾顶及东
西两侧向中央倾斜，湾东侧水深大于西侧，最深处约 32m，位于湾口的中央
部分，河口大多有水下三角洲。辽东湾是中国边海水温最低、冰情最严重
处，每年冬季都有固体冰出现，冰厚 30cm 左右。受西北风影响，冰害东岸
相较西岸严重。

渤海湾，北起河北省乐亭县大清河口，南到山东省黄河口，位于渤海西
部。海底地形大致自南向北，自岸向海倾斜，沉积物主要为细颗粒的粉砂与
淤泥。海底地势由岸向湾中缓慢加深，平均水深 12.5m。渤海湾的潮汐属正
规和不正规半日潮，平均潮差为 2～3m，大潮潮差为 4m 左右。渤海湾冬季
结冰，冰情比辽东湾轻，冰厚 20～25cm。

莱州湾，从黄河口至龙口一线以南的海域，面积 6060km²，是山东省最
大的海湾。海湾开阔，水下地形平缓，绝大部分的水深在 10m 以内，最大

水深位于湾的西北部，为 18m 深。

渤海的海冰是一年冰，冰期通常从每年的 12 月开始，到次年 2 月或者 3 月结束。2016 年渤海海冰冰情迅速发展，气象卫星遥感中心监测结果显示，海冰面积已达到 30561km^2，其中辽东湾海冰面积约为 19953km^2，渤海湾近岸边海冰面积约为 7183km^2，莱州湾近岸边海冰面积约为 3425km^2。海冰监测结果大于历年同期监测结果的平均值，海冰面积占渤海面积的近四成，为近 5 年历史最大值。所以，对海冰进行监测对于预防海冰灾害，保证海上通航和港口运输，具有重要的现实意义。

渤海的石油和天然气资源十分丰富，整个渤海地区就是一个巨大的含油构造，滨海的胜利、大港、辽河油田和海上油田连成一片，海上石油钻井平台、航运船舶成为海洋目标检测的一项重要内容。

2. SAR 数据选取与预处理

分析 Sentinel 系列 SAR 图像，结合实验验证，确定海洋目标检测研究数据采用 Sentinel-1 的 IW 模式的双极化 SAR 数据。对于本章的研究区域——渤海海域（北纬 37°07′~40°56′，东经 117°33′~122°08′）收集了欧空局 Sentinel-1 在 2016 年 1 月到 6 月的 20 景 C 波段极化 SAR 影像，共 150GB。

极化 SAR 图像数据预处理主要包括影像的裁剪、辐射校正、滤波、多视、正射纠正、重采样、数据格式转换等，具体流程如图 4.18 所示。

在数据预处理的基础上构建了 2 种极化 SAR 神经网络学习的数据集：10m 分辨率的极化 SAR 海洋目标检测数据集和 14m 分辨率的极化 SAR 海洋目标检测数据集。

（1）10m 分辨率的极化 SAR 海洋目标检测数据集

将采用改进的 Lee Sigma 滤波器极化滤波归一化到［0，255］的整型数据图像按 10m 分辨率重采样，得到的图像中包含小部分钻井平台和舰船，将包含目标的海水的标签设置为 0、海冰的标签设置为 1，共 65436560 个像素图像保存为极化 SAR 海洋目标检测数据集，为神经网络的学习提供训练、测试和验证数据集，如图 4.19 所示。图中编号 1~10 是海水，共 35982464 个像素，包含 28×28 像素的子图像 45896 幅，11~20 是海冰，共 29454096 个像素，包含 28×28 像素的子图像 37569 幅。

（2）14m 分辨率的极化 SAR 海洋目标检测数据集

将采用改进的 Lee Sigma 滤波器极化滤波归一化到［0，255］的整型数据图像按 14m 分辨率重采样，图像中包含小部分钻井平台、舰船等海洋目标，将包含目标的海水的标签设置为 0、海冰的标签设置为 1，共 43411648

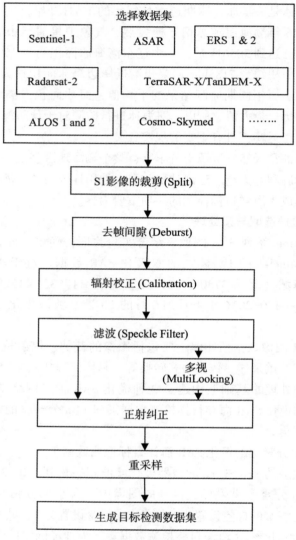

图 4.18　极化 SAR 数据预处理流程

个像素保存为极化 SAR 海洋目标检测数据集，为神经网络的学习提供训练、测试和验证数据集，如图 4.20 所示。图中编号 1～11 是海水，共 19886160 个像素，包含 28 像素×28 像素的子图像为 25365 幅；图中编号 20～24 是海冰，共 23525488 个像素，包含 28 像素×28 像素的子图像 30007 幅。

图 4.19　极化 SAR 海洋目标检测数据集（10m 分辨率）

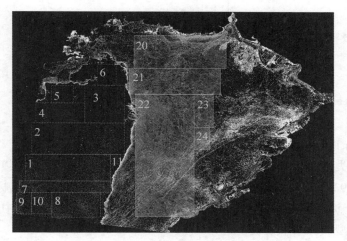

图 4.20　极化 SAR 海洋目标检测数据集（14m 分辨率）

4.4　硬目标检测实验

　　海洋硬目标的检测实验采用所构建的三类深度学习模型进行，OceanTDcnn 和 OceanTDvgg 分别采用 4 层 CNN 模型和 8 层 VGG 模型，OceanTDA9 采用的是改进的 9 层神经网络模型。

4.4.1　CNN 模型实验

　　4 层神经网络模型 OceanTDcnn 网络结构如图 4.21 所示，包含 2 个卷积层和 2 个全连接层，卷积层 Conv2D_1 和 Conv2D_2 组织形式都是

Convolution2D-ReLu-Maxpooling；第 1 个全连接层 fc1 的组织形式是 Flatten-Dense-ReLu；第 2 个全连接层 fc2 的组织形式是 Dense-Softmax。每个卷积层卷积核均为 5×5，步长为 1；所有池化采用核尺寸均为 2×2，滑动步长 Stride 为 2 的 MaxPooling。训练优化方法是 Adam，学习速率为 0.0001。

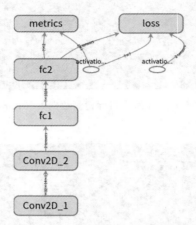

图 4.21　OceanTDcnn 模型网络结构

　　OceanTDcnn 训练次数设置为 8250 次，每次 100 个样本图像，模型训练结束时损失是 0.0896，精度为 0.9898，耗时 540 秒，最后 50 次模型损失均值是 0.1930，标准差是 0.00027，精度平均值为 0.9284，标准差为 0.00019。训练损失和精度随批次变化曲线如图 4.22 和图 4.23 中长短虚线所示。模型训练结果如表 4.6 所示。

表 4.6　　　　　**OceanTDA9 与 OceanTDvgg、OceanTDcnn**
海洋硬目标检测模型训练结果

模型	层数	训练次数		精度		损失		时间耗费	模型大小
		设置/实际	测试	平均	测试	平均		（s）	（MB）
OceanTDcnn	4	8250/8250	0.9898	0.9284	0.0896	0.1930	540	13.1
OceanTDvgg	8	8250/8250	0.9985	0.9212	0.0563	0.2101	1244	36.7
OceanTDA9	9	8250/8250	0.9996	0.9214	0.0625	0.2091	665	15.9

　　训练后的模型检测到的疑似硬目标如图 4.24 所示，共检测到钻井平台等硬目标 110 个（每个包含 28×28 个像素）。硬目标的检出率为 100%，虚

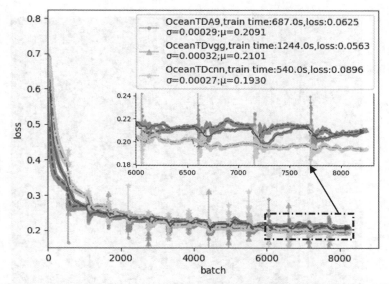

图 4.22　OceanTDA9 与 OceanTDvgg、OceanTDcnn 训练损失随批次变化曲线

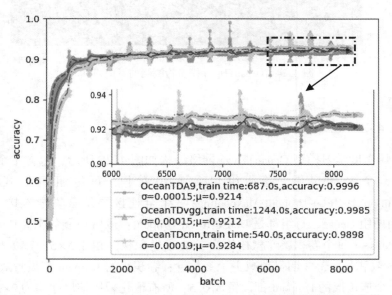

图 4.23　OceanTDA9 与 OceanTDvgg、OceanTDcnn 精度随批次变化曲线

警率为 33.1%，用时 2.29s，对于 10m 分辨率的 SAR 图像检测能力约 60.3 km^2/s。

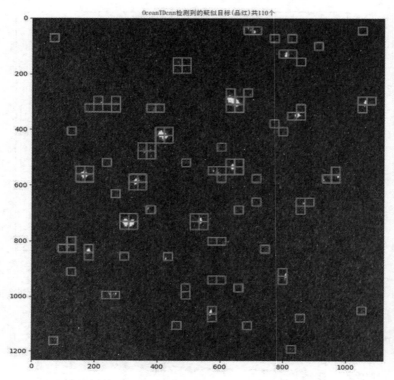

图 4.24　OceanTDcnn 模型检测到的疑似目标

4.4.2　VGG 模型实验

8 层深度学习模型 OceanTDvgg 网络结构如图 4.25 所示，包含 1 个卷积组和 3 个全连接层，卷积组包含 5 组卷积，每组组织形式都是 Convolution2D-ReLu-Dropout-Maxpooling；3 个全连接层是密集全连接 Dense 层，前两组 Dense，每组都是 Dense-ReLu-Dropout；最后一个全连接 Dense 层仅有 Dense。每个卷积层卷积核均为 3×3 小卷积核，相比 5×5、7×7 和 11×11 的大卷积核，3×3 明显地减少了参数量；卷积组的 Dropout 都设置成 0.2，前 2 个全连接层的 Dropout 都设置成 0.5；所有池化采用核尺寸均为 2×2，滑动步长 Stride 为 2 的 MaxPooling。训练优化方法是 Adam。

8 层深度学习模型 OceanTDvgg 训练次数设置为 8250 次，每次 100 个样本图像，模型训练结束时损失是 0.0563，精度为 0.9985，耗时 1244s，最后 50 次模型损失均值是 0.2101，标准差是 0.00032，精度平均值为 0.9212，

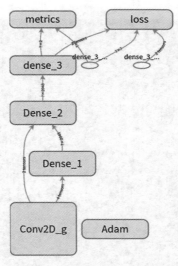

图 4.25　OceanTDvgg 网络结构

标准差为 0.00015。训练损失和精度随批次变化曲线如图 4.22 和图 4.23 中虚线所示。

　　OceanTDvgg 模型训练后检测到的疑似硬目标如图 4.26 所示，共检测到钻井平台等硬目标 77 个（每个包含 28×28 个像素）。硬目标的漏检数为 5个，检出率为 91.5%，虚警率为 2.4%，用时 3.22s，对于 10m 分辨率的 SAR 图像检测能力约 42.83 km²/s。出现漏检目标主要原因是模型全连接层的 2 个 Dropout 设置较高，可通过训练进行调整。

4.4.3　OceanTDA9 模型的实验

　　针对以上模型的实验结果，对 OceanTDA9 模型进行改进，改进后的结构如图 4.27 所示，包含 4 个卷积层、1 个卷积组和 3 个全连接层，前 4 个卷积层组织形式一样，每组都是 Convolution2D-ReLu-Dropout-Maxpooling；中间卷积组组织形式是（Convolution2D-ReLu-Dropout）×2-Maxpooling；最后 3 个是密集全连接 Dense 层，前两组 Dense，每组都是 Dense-ReLu-Dropout；最后一个全连接 Dense 层仅有 Dense。每个卷积层卷积核均为 3×3 小卷积核，相比 5×5、7×7 和 11×11 的大卷积核，3×3 明显地减少了参数量；Dropout 都设置成 0.2；所有池化采用核尺寸均为 2×2，滑动步长 Stride 为 2 的 MaxPooling。训练优化方法是修正的 WinR-Adagrad。特征信息从一开始输入

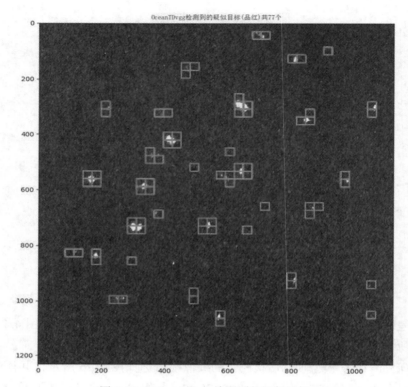

图 4.26　OceanTDvgg 检测到的疑似目标

的长 28 个像素，宽 28 个像素的单通道图像逐级递减 14×14→7×7→4×4→2×2→1×1，深度 Depth（或 Channel 数）变化过程是 1→32→64→128→256→512，然后将 1×1×512 卷积后的图像平整化后输入全连接层 Dense，特征由 512 维压缩到 64 维，ReLU 又接 Dropout 0.2 过渡，并再次用一个 64 个神经元的全连接 Dense 作为缓冲后，输入全连接层 Dense 进一步压缩到 2 维，再输入 Softmax 进行分类。

OceanTDA9 训练次数设置为 8250 次，每次 100 个样本图像，模型训练结束时损失是 0.0625，精度为 0.9996，耗时 687s，最后 50 次模型损失均值是 0.2091，标准差是 0.00029，精度平均值为 0.9214，标准差为 0.00015。训练损失和精度随批次变化曲线如图 4.22 和图 4.23 中实线所示。

OceanTDA9 模型训练后检测到的疑似硬目标如图 4.28 所示，共检测到钻井平台等疑似硬目标 90 个（每个包含 28×28 个像素）。硬目标的漏检数为 0 个，检出率为 100%，虚警率为 10.9%，用时 2.36s，对于 10m 分辨率

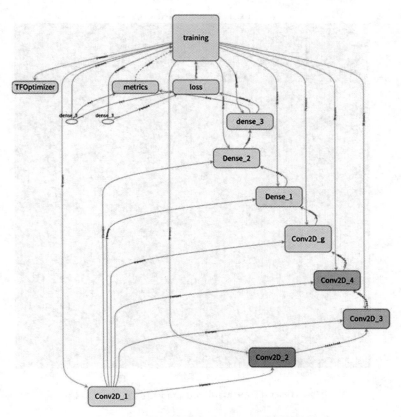

图 4.27　改进模型 OceanTDA9 网络结构

的 SAR 图像检测能力约 58.5 km²/s。满足无漏检并保持 10% 左右的虚警率的检测需求。

　　三种模型的硬目标（钻井平台、舰船）检测结果如表 4.7 所示。

表 4.7　　　　　　　　硬目标（钻井平台、舰船）检测结果

模型	样本总数 （28×28 像素）	疑似硬 目标数	检出硬 目标数	漏检 目标数	虚警数	检出率	虚警率	耗时 （s）
OceanTDcnn	1760	82	110	0	28	100%	35.1%	2.29
OceanTDvgg	1760	82	77	5	2	91.5%	2.4%	3.22
OceanTDA9	1760	82	90	0	8	100%	10.9%	2.36

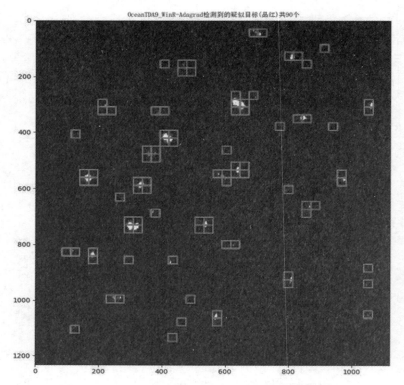

图 4.28 OceanTDA9_WinR-Adagrad 检测到的疑似目标

由实验可知，海洋硬目标检测深度学习 OceanTDA9 模型，对于 10m 分辨率的 SAR 图像，达到 0 漏检率，10% 虚警率，58.5 km²/s 的检测能力，满足海洋目标检测及时性的需求。

第5章　海洋分布目标检测 DL 模型构建

5.1　OceanTDL 模型构建

5.1.1　OceanTDL 系列模型构建

MNIST（Mixed National Institute of Standards and Technology）数据集是机器学习领域中非常经典的一个数据集，由 60000 个训练样本和 10000 个测试样本组成，每个样本都是一张 28×28 像素的灰度手写数字图片。NORB 数据集是以不同照明及摆放方式摄制的玩具模型的双目图像。MNIST 数据集来自美国国家标准与技术研究所，是 NIST（National Institute of Standards and Technology）的缩小版，训练集（Training Set）由来自 250 个不同人手写的数字构成，其中 50% 是高中学生，50% 来自人口普查局（Census Bureau）的工作人员，测试集（Test Set）也是同样比例的手写数字数据。MNIST 识别难度低，即把图片展开为一维数据，且只使用全连接层也能获得超过 98% 的识别准确度；计算量小，不需要 GPU 加速也可以快速完成训练；数据易得，教程易得。

MNIST 神经网络结构 Input 层输入 28×28 图片，重构成含有 784 个元素的数组，Hidden1 层是由一维数据构成的矩阵与权重 $W1$ 的乘积加上偏置量 $b1$ 组成，输出含有 500 个元素的数组。Hidden2 层是由一维数据构成的矩阵与权重 $W2$ 的乘积加上偏置量 $b2$ 组成，输出含有分类数（如 10 个、2 个等）元素的数组。采用 Cross_entropy 计算熵，并将结果输入到 Train 层，Train 层采用梯度优化算法训练模型，使熵最小化。Accuracy 层计算训练精度。

MNIST 模型简捷，对硬件要求不高，易于实现，海洋目标检测精度达 89% 左右，要达到较高的检测精度，需对模型进行改进。

基于 MNIST 手写体模型，将待检测的二维（或三维）图像按行展成线状，构建海洋分布目标检测的深度学习（DL）系列模型——OceanTDLx，构建了四类模型，其结构如图 5.1 所示，用于海洋目标检测中分布目标的检测。

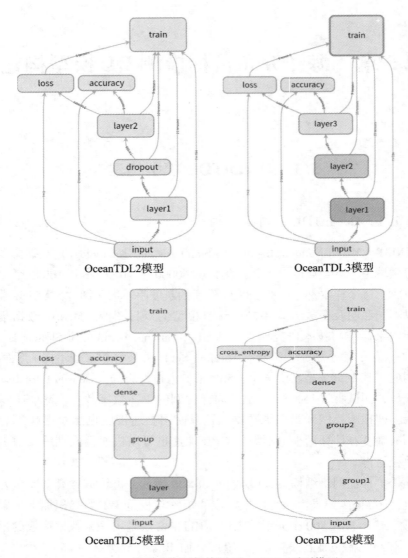

图 5.1　海洋分布目标检测 OceanTDLx 系列模型

　　OceanTDL5 模型的结构由 1 个 Layer、1 个层组 Group 和 1 个全连接 Dense 构成。Layer 层的组织形式为 Wx_pluse_b-relu-Dropout-reshape；中间层 Group 包括 3 层，其组织形式为（Wx_pluse_b-relu-Dropout-reshape）×3；全连接 Dense 层的组织形式是 Wx_pluse_b-relu。特征信息由开始输入的 784 经 529→121→25→9 逐级递减，最后用一个 9 个神经元的全连接将 9 个特征加

权求和、ReLU 激活压缩到 2 个特征，输入到 Loss 层的 Softmax 进行分类。

海洋分布目标检测的 OceanTDLx 系列模型的训练损失与批次相关性曲线如图 5.2 所示。图中 OceanTDL8 模型训练次数设置为 82500 次，模型训练到 82480 次，即在训练结束前 300 次时，满足模型训练退出条件后退出，此时损失是 0.0972，耗时 4402s，最后 50 次模型损失均值是 0.1416，标准差是 0.0158。OceanTDL5 模型训练次数也设置为 82500 次，其他 2 个模型的训练次数设置为 41250 次，详细模型及参数对训练精度、损失、耗时及生成模型大小的影响见表 5.1。模型训练开始时波动较大，随着时间推移，模型损失波动逐渐减小。从图 5.2 可以看出，损失下降由慢到快依次是 OceanTDL2、OceanTDL8、OceanTDL3 和 OceanTDL5，模型训练开始 20000 次内损失下降波动最大的是 OceanTDL2，损失下降速率和波动平稳性最好的是 OceanTDL5。

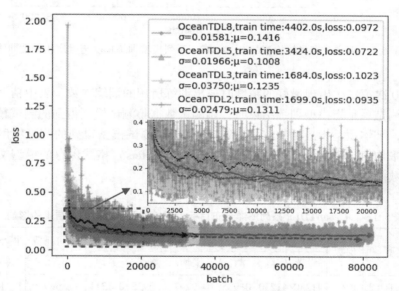

图 5.2　海洋分布目标检测的 OceanTDLx 系列模型训练损失与批次相关性曲线

海洋分布目标检测的 OceanTDLx 系列模型的训练精度与批次相关性曲线如图 5.3 所示，从图中可以看出 OceanTDL5 训练精度最好。

海洋分布目标检测的 OceanTDLx 系列模型及参数对训练精度、损失、耗时及生成模型大小的影响如表 5.1 所示。表中训练次数中的设置项是指模型超参数训练次数的设置值，训练次数的实际项是指模型训练时在距离结束

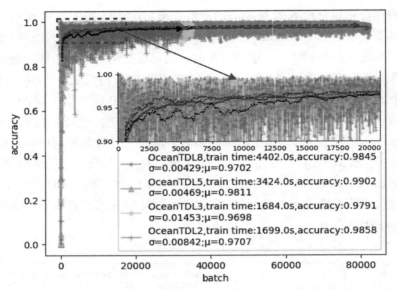

图 5.3 海洋分布目标检测的 OceanTDLx 系列模型训练精度与批次相关性曲线

前 300 次第二次出现最好的精度时退出训练所用的训练次数。表中精度和损失的测试项是指模型训练结束时，用测试数据集测试模型得到的测试精度和损失，平均项是指最后 50 次模型测试数据集测试模型得到的测试精度和损失的平均值。模型大小是指用 pb（Protocol Buffers）格式保存的模型文件的字节数。

表 5.1   **OceanTDLx 系列海洋分布目标检测模型及参数对训练结果的影响**

模型	层数	训练次数	精度		损失		时间耗费	模型大小
		设置/实际	测试	平均	测试	平均	（s）	（MB）
OceanTDL2	2	41250/41230	0.9858	0.9707	0.0935	0.1311	1699	1.7
OceanTDL3	3	41250/41090	0.9791	0.9698	0.1023	0.1235	1684	1.7
OceanTDL5	5	82500/82470	0.9902	0.9811	0.0722	0.1008	3424	1.9
OceanTDL8	8	82500/82480	0.9845	0.9702	0.0972	0.1416	4402	3.9

5.1.2 OceanTDL5 和 OceanTDA9 比较

海洋分布目标检测深度学习模型 OceanTDL5 与海洋硬目标检测深度学

习模型 OceanTDA9 训练损失与训练次数相关性曲线如图 5.4 所示。从图中可以看出，OceanTDL5 模型损失快速到达 0.2 以下并趋向稳定，在训练到 60000 步时，与 OceanTDA9 模型相交，损失在 0.10 左右，耗时 2476s 左右，在这之前一直领先于 OceanTDA9 模型。OceanTDA9 在训练到 150000 步时，损失值为 0.025 左右，用时 13982s，此后损失下降缓慢。OceanTDL5 模型训练在 2000 步以内损失下降很快，从 0.3 快速降到 0.2 左右，到 2500 步时，损失达 0.2 以下，下降变慢，在 1000~2000 次时，损失在 0.1419 左右趋于平坦，下降速度缓慢。OceanTDA9 在 2000 步以内也呈快速下降状态，但下降速度较 OceanTDL5 模型慢 15%，损失值在 0.23 左右，在 1000~2000 次时仍呈下降趋势，模型损失基本以恒定速率下降，直到训练到 60000 步时，OceanTDA9 才呈现出在 OceanTDL5 模型损失线以下的状态，此时损失值在 0.10 左右，从图 5.4 中也可以看出此时 OceanTDL5 已在拐点左右摆动。OceanTDA9 在 200000 步时仍处于缓慢下降趋势，此时损失在 0.02 以下，表现较好，耗时约 18600s，曲线已接近拐点。模型训练结束时用时 25635s，训练损失达 0.01 左右。另外，OceanTDA9 模型训练损失波动幅度较窄。

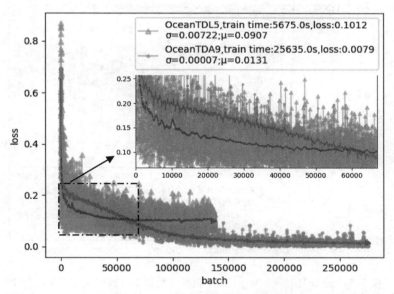

图 5.4　OceanTDL5 和 OceanTDA9 模型训练损失与训练次数相关性曲线

　　海洋分布目标检测的 OceanTDL5 模型与海洋硬目标检测的 OceanTDA9 模型训练精度与训练次数相关性曲线如图 5.5 所示。OceanTDL5 模型在极短

的时间内达到 0. 950 之后处于较慢上升状态，训练到 60000 次时，精度达
0. 98 左右，用时约 2476s，随后趋于稳定状态，至 4128s 即在 100000 次训练
后无上升趋势。OceanTDA9 在 9321s 左右，即训练次数在 100000 左右，精
度达到 0. 98 左右，并与 OceanTDL5 模型的训练精度线相交，随后继续保持
上升状态，在 13980s 左右，即训练次数在 150000 左右，精度达到 0. 99 左
右，随后长达 11650s 左右，占整个训练时间的 45% 左右，精度仅提高 0. 006
左右。直到窗口训练次数为 275000 时达到 0. 9967。

　　从图 5. 5 中 1~100000 次精度曲线放大窗口看，OceanTDL5 模型训练次
数在 2000 次时精度达到 0. 95 左右，用时约 80s，训练到 5000 次（用时约
200s）精度达 0. 96 左右，随后处于较慢的上升阶段，但在训练次数为
100000 时，训练精度一直高于 OceanTDA9 模型。OceanTDL5 模型训练次数
约 2000 次时，精度基本趋于稳定，比 OceanTDA9 模型此时的相对稳定精度
0. 90 高 5% 左右。随后，OceanTDA9 模型用近 150 倍于 OceanTDL5 模型的时
间 12585s 将精度提升到 0. 99 并趋于稳定，此时训练次数在 135000 次。

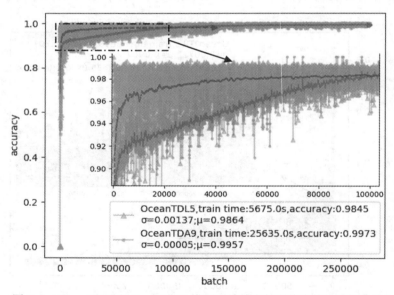

图 5. 5　OceanTDL5 和 OceanTDA9 模型训练精度与训练次数相关性曲线

　　海洋目标检测 OceanTDL5 模型与 OceanTDA9 模型参数对训练精度、损
失、耗时及生成模型大小的影响如表 5. 2 所示。

表 5.2　　　　　**OceanTDL5 和 OceanTDA9 模型及训练结果**

模型	层数	训练次数		精度		损失		时间耗费	模型大小
		设置/实际	测试	平均	测试	平均	（s）	（MB）
OceanTDL5	5	137500/137490	0.9845	0.9864	0.1020	0.0907	5675	1.9
OceanTDA9	9	275000/275000	0.9973	0.9957	0.0079	0.0131	25635	15.9

综上所述，从应用角度看，适应海洋目标检测的需求，对于舰船、钻井平台等硬目标，采用有较小损失优势的 OceanTDA9 模型较好，对于目标交错，易于与海水混淆的半成形或半融化海冰等分布目标，采用所设计的 OceanTDL5 模型更合适。

5.2　OceanTDL 模型优化

从机制上讲减少过拟合主要有两种，一是减少模型的复杂度，二是扩充训练数据集，具体方法包括：①L1、L2 正则化，针对 Cost 函数减少参数（权重参数个数或权重值）；②Dropout，改变神经网络本身的结构，以某概率随机丢弃部分参数；③数据增广；④Early Stopping；⑤Bagging；⑥在样本中增加噪声。

在深度学习领域中存在两种 Dropout 方法：①传统的 Dropout，训练阶段对 Dropout 层神经元以 keep_prob 的概率保留（或以 1-keep_prob 的概率关闭），测试阶段不执行 Dropout。对训练阶段应用了 Dropout 的神经元，其输出激活值乘以 keep_prob。②Inverted Dropout（反向随机失活），训练阶段对 Dropout 层的输出激活值除以 keep_prob，测试阶段则不执行任何操作。增加 Dropout 层，神经元以概率 p 保留或以 $(1-p)$ 关闭，此过程看作一个离散型随机变量则符合概率论中的 0-1 分布，其输出激活值的期望变为 $p \times a + (1-p) \times 0 = pa$，此时若要保持原有期望值，则要除以 p。训练阶段，假设第 n 个隐藏层 L_n 上有 m 个单元或者神经元，keep_prop $= p$，则删除的单元平均为 $m \times (1-p)$ 个，则在 $n+1$ 层上，$L_{n+1} = W_{n+1} \times a_n + b_{n+1}$，$L_n$ 层的激活值 a_n 减少 $(1-p)$，即有 $(1-p)$ 的元素被归零，为了不影响 L_{n+1} 层的期望值，采用 $(W)_{n+1} \times a_n)/p$ 来弥补损失的 $(1-p)$，保证 a_n 的期望值不会变。与训练阶段不同，测试阶段不需要额外添加尺度参数，Inverted Dropout 函数会在除以 keep_prob（p）时记住上一步操作，以确保在测试阶段不执行 Dropout 来调整数值范围，激活函数的预期结果也不会发生变化，使测试阶段变得容易。如果在训练阶段使用 Dropout，部分神经元置零后，没有对 a_n 进行修正，那么在测试阶段，就需要对权重进行缩放，即 $W_{test} = W \times p$。

　　通过实验验证 Dropout 对模型的影响，设置不同的 Dropout 值对所构建的 OceanTDL5 模型训练 82500 次，每次 100 个样本数据。其中 OceanTDL5_d08 的 Layer 层及中间层 Group 3 层的 Dropout 都设置为 0.8，其他 3 个模型的 Dropout 值分别设置为 0.7、0.6 和 0.5。其对训练损失的影响如图 5.6 所示，随着 Dropout 值的减少，损失在增大。损失最小的是 Layer 层及中间层 Group 3 层的 Dropout 都设置为 0.8 的 OceanTDL5_d08 模型；其对训练精度的影响如图 5.7 所示，随着 Dropout 值的减少，精度增大，精度最高的是 Dropout 值为 0.5 的 OceanTDL5_d05 模型。

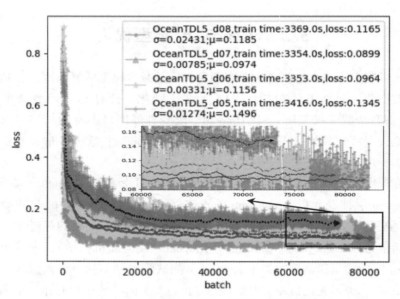

图 5.6　Dropout 值对 OceanTDL 模型训练损失的影响

　　不同的 Dropout 值对所构建的 OceanTDL5 模型训练结果的影响如表 5.3 所示，表中测试精度和测试损失是模型训练结束后在测试数据集上计算的精度和损失，平均精度和平均损失是模型训练到最后 50 次精度和损失的平均值。模型都训练 82500 次，每次 100 个样本数据。测试精度最高的是 OceanTDL5_d05，但测试损失也最高。测试损失最低的 OceanTDL5_d07 测试精度相对较低。综合分析表中数据，对于 OceanTDL5 模型，Layer 层及中间层 Group 3 层的 Dropout 都设置为 0.6，模型检测效果最好。

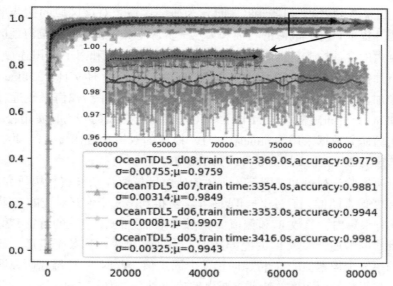

图 5.7 Dropout 值对 OceanTDL 模型训练精度的影响

表 5.3　　　　　　　　　　**Dropout 值对模型训练结果的影响**

模型	层次	训练次数		精度		损失		时间耗费	模型大小
		设置/实际		测试	平均	测试	平均	（s）	（MB）
OceanTDL5_d08 Dropout0.8（4）	5	82500/82320		0.9779	0.9759	0.1165	0.1186	3369	1.9
OceanTDL5_d07 Dropout0.7（4）	5	82500/82320		0.9881	0.9849	0.0899	0.0975	3354	1.9
OceanTDL5_d06 Dropout0.6（4）	5	82500/82410		0.9944	0.9907	0.0964	0.1157	3353	1.9
OceanTDL5_d05 Dropout0.5（4）	5	82500/82320		0.9981	0.9943	0.1345	0.1497	3416	1.9

5.3　分布目标检测实验

5.3.1　实验区域及数据

基于深度学习的海洋目标检测实验选取渤海海域（位于北纬 37°07′~

40°56′和东经 117°33′~122°08′之间）为研究区域，对该区域的钻井平台进行检测并提取目标。渤海的石油和天然气资源十分丰富，整个渤海地区就是一个巨大的含油构造，滨海的胜利、大港、辽河油田和海上油田连成一片，海上石油钻井平台增减频繁（如 2016 年 1 月 28 至 2 月 9 日，138km² 的海域，增加了 3 个 10000m² 以上的钻井平台），且钻井平台离海岸较远（最远约 300km），分布随机（分布半径约 100km），检测费时费力且费用较高。

实验研究数据采用 Sentinel-1 的 IW 模式的双极化 SAR 数据，共 20 景，时间跨度为 2016 年 1 月到 6 月，共 150GB。

分析实验过程可知，图 5.8 所示的研究区域海洋杂波在每幅研究图像，如 28×28 像素图像，通过 $Y = WX + B$ 学习得到第 n 个像素对应的 W 和偏值 B，在有限集内，参数 W 和偏值 B 能够有效描述海洋杂波的特征，但随着训练批次的增加，参数 W 的差异减少，当训练次数达到某个值后，研究图像中的第 n 个像素值的 W 将趋向于某个固定值，此时 W 对每幅研究图像特征的影响很少，而图像的特征主要由偏值 B 决定，如图 5.10 所示。此时的偏值 B 主要是由数据集中每幅图像像素值的平均值决定的。对于海洋杂波，研究图像偏值 B 越高，则其为疑似目标的可能性就越大；反之，偏值 B 越

图 5.8　极化 SAR 海洋目标检测深度学习数据集

低，则其为海水的可能性就越大。所以训练批次与每批次的图像数对模型精度的影响比较明显。

从图 5.8 所示的研究区域中任取 100 个 28×28 像素的子图像按所在行和列取平均值后可视化结果如图 5.9（a）所示，像素值的概率密度分布如图 5.9（b）所示，这 100 个子图像三维可视化结果如图 5.9（c）所示。

100 个 28×28 像素的子图像按所在行和列取平均值，其中 2 个图像按行、列展开的散点图如图 5.10 上图所示，三维可视化结果如图 5.10 下图所示。从图 5.10 中可以看出，参与统计的子图像数越多，平均值的分布越窄。

5.3.2 目标检测实验

海洋分布目标检测采用所构建的 OceanTDLx 模型，2 层神经网络模型 OceanTDL2 是未改进的模型，5 层神经网络模型 OceanTDL5 是改进的模型，分别采用这两个模型对海洋分布目标进行检测实验。

1. OceanTDL2 模型实验

所构建的 OceanTDL2 模型结构如图 5.11 所示，主要由 Layer1 和 Layer2 构成。Layer1 的组织形式是 Wx_pluse_b-relu-Dropout-reshape；Layer2 的组织形式是 Wx_pluse_b-relu。特征信息由开始输入的 784 经向量相乘求和后转为 529，最后用一个 529 个神经元的全连接将 529 个特征加权求和，经 ReLU 激活再压缩到 2 个特征，然后输入到 Loss 层的 Softmax 进行分类。

OceanTDL2 模型训练次数设置为 8250 次，模型训练到 8090 次即训练结束前 300 次时满足训练退出条件后退出，此时损失是 0.1034，精度是 0.9847，耗时 158s。最后 50 次模型损失均值是 0.2650，标准差是 0.0750，精度平均值为 0.8925，标准差为 0.0449。模型训练结果如表 5.4 所示，训练损失和精度随批次变化曲线如图 5.12 和图 5.13 中虚线所示。

表 5.4 **OceanTDL2 和 OceanTDL5 海洋分布目标检测模型训练结果**

模型	层数	训练次数 设置/实际	精度 测试	精度 平均	损失 测试	损失 平均	时间耗费（s）	模型大小（MB）
OceanTDL2	2	8250/8090	0.9847	0.8925	0.1034	0.2650	158	1.7
OceanTDL5	5	8250/8170	0.9597	0.8825	0.1801	0.2776	166	1.9

OceanTDL2 模型训练后检测到的海冰如图 5.14 所示，共检测到海冰 1580 个（每个包含 28×28 个像素）、海水 674 个。海冰的漏检率为 14.5%，

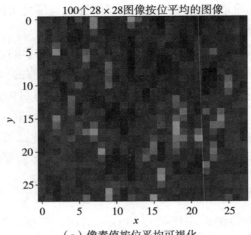

（a）像素值按位平均可视化

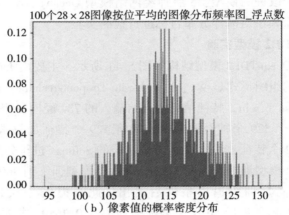

（b）像素值的概率密度分布

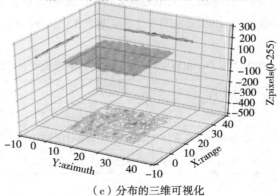

（c）分布的三维可视化

图 5.9　100 个 28×28 像素的子图像像素分析

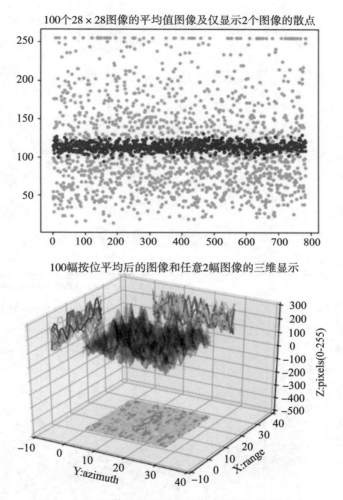

图 5.10   子图像按行列展开的散点图及三维可视化

海水的误检率为 30% 左右，检测用时 3.19s，对于 10m 分辨率的 SAR 图像检测能力约 55.3 km²/s。

2. OceanTDL5 模型实验

改进后的 5 层神经网络模型 OceanTDL5 如图 5.15 所示，主要由 1 个 Layer、1 个层组 Group 和 1 个全连接 Dense 构成。Layer 层的组织形式是 Wx_pluse_b-relu-Dropout-reshape；中间层 Group 由 3 组 Layer 构成，其组织形式是（Wx_pluse_b-relu-Dropout-reshape）×3；全连接 Dense 层的组织形式是 Wx_pluse_b-relu。特征信息由开始输入的 784 经 529→121→25→9 逐级递

167

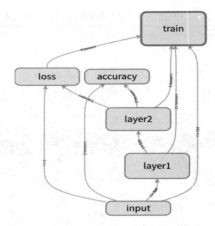

图 5.11　OceanTDL2 模型网络结构

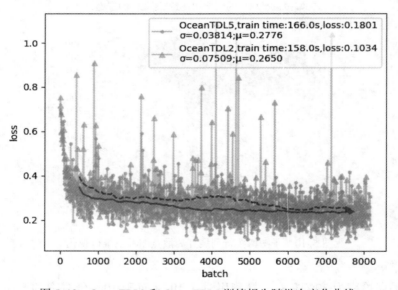

图 5.12　OceanTDL2 和 OceanTDL5 训练损失随批次变化曲线

减，最后用一个 9 个神经元的全连接将 9 个特征加权求和，经 ReLU 激活压缩到 2 个特征，再输入到 Loss 层的 Softmax 进行分类。

　　综合考虑 OceanTDL5 模型的训练精度、训练损失与训练次数的曲线，与 OceanTDL2 模型的训练次数相匹配，OceanTDL5 模型的训练次数也设置为 8250 次，模型训练到 8170 次在训练结束前 300 次时满足模型训练退出条

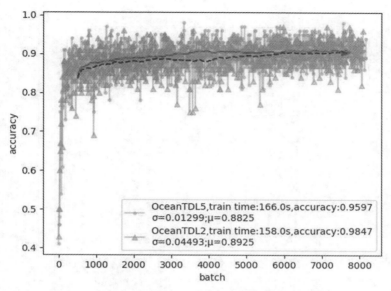

图 5.13 OceanTDL2 和 OceanTDL5 训练精度随批次变化曲线

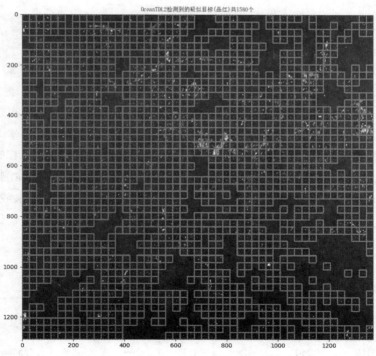

图 5.14 OceanTDL2 检测到的海冰（品红）

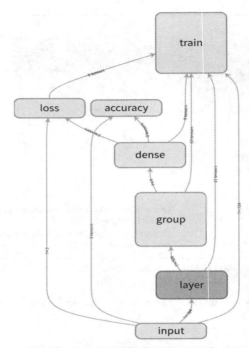

图 5.15　OceanTDL5 模型网络结构

件后退出，此时损失是 0.1801，精度是 0.9597，耗时 166s。最后 50 次模型损失均值是 0.2776，标准差是 0.0381，精度平均值为 0.8825，标准差为 0.0130。训练损失和精度随批次变化曲线如图 5.12 和图 5.13 中实线所示。训练后的模型检测到的海冰如图 5.16 中方框所示，共检测到海冰 1804 个（每个包含 28×28 个像素）、海水 450 个。海冰检测准确率提高 12% 左右，漏检率为 2.5%，检测用时 3.17s，对于 10m 分辨率的 SAR 图像检测能力约 55.6 km²/s。漏检的海冰主要集中在海水和海冰交融处，冰上有水或半融化的冰。

分布目标（海冰）检测结果如表 5.5 所示。

表 5.5　分布目标（海冰）检测结果

模型	样本总数 28×28 像素	海冰数	检出目标数	漏检目标数	检出率	漏检率	耗时（s）
OceanTDL2	2250	1849	1580	269	85.5%	14.5%	3.19
OceanTDL5	2250	1851	1804	47	97.5%	2.5%	3.17

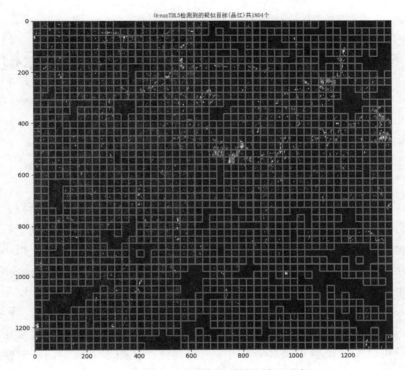

图 5.16 OceanTDL5 检测到的海冰（方框）

　　由实验可知，海洋分布目标检测神经网络模型 OceanTDL5，对于 10m 分辨率的 SAR 图像对海冰检测准确率达 97.5%，检测能力约 55.6 km^2/s。

第6章　基于多核并行架构的海洋目标检测

6.1　并行分布式训练策略和架构

深度学习的效果很大程度上取决于训练数据量和训练规模，所以，借助并行分布式架构进行模型训练可以提高深度学习的训练速度，有利于深度学习模型的优化。2017 年 6 月，Facebook 发文（Goyal P 等，2017）指出，他们采用分布在 32 个服务器上的 256 块 GPUs 将 Resnet-50 模型在 ImageNet 数据集上的训练时间从两周缩短为 1 个小时。作为使用人数最多的深度学习框架，TensorFlow 从 Version 0.8 开始支持模型的分布式训练，现在的 TensorFlow 支持模型的多机多卡（GPUs 和 CPUs）训练。这表明，采用分布式系统可以实现模型在成百个 GPUs 上的训练，从而大大减少训练时间，也将有更多的机会去尝试各种各样的超参数组合。

6.1.1　多核并行检测研究现状

目标检测中，如何解决好实时性和检测精度的矛盾是研究的一个关键问题，并行处理可以为解决以上问题提供计算架构。基于并行处理的目标检测技术是以实时运动目标检测算法和并行系统结构设计为中心，以提高目标检测实施的效率，国内外学者做过相关的研究。

苏文（2017）对检测算法进行扩展，在并行化混合高斯背景减除算法中加入置信图生成部分，利用运动目标的综合置信强度以及强度扩散函数，计算区域内像素点的置信值，为跟踪器提供更丰富的检测信息，从而提高移动目标的检测率。曾婷（2017）提出一种改进的基于边缘检测的运动目标轮廓提取算法，并采用 OpenCL 并行实现了提出的运动目标轮廓提取算法，通过实验对并行算法与串行算法的性能、并行算法在不同设备上的性能、并行算法在不同工作组大小上的性能进行对比，结果表明，并行算法比串行算法运算速度有大幅度提高。凌滨等（2016）为准确检测低速径向运动的小运动目标，提出一种基于 Nvidia 通用并行计算架构（CUDA）的稀疏脉冲耦合神经网络运动目标检测的并行算法,提高了检测的实时性。楼先濠等(2016)以 CUDA 平台为基础,对算法的并行任务进行划分,实现粗细粒度并行,实验结果表明,GPU 并行比 CPU 串行显著提高了计算速度。张帆(2017)针对目前舰船目标检测与识别面临的难点问题,分析设计了遥感图像中舰船检测与识别的并行处理算法,并完成了对于目标检测任务和 GPU加速的并行实现。尤伟(2016)提出一种基于因果字典残差更新的快速OMP 算法,通过调用 GPU 大量线程并行计算,在执行效率比串行算法加速高达 33.2 倍,同时检测效果更好。李腾(2015)提出了一种基于深度信念网络并行优化的目标识别方法,充分利用 GPU 平台线程级与线程块级的两级并行特性,提高深度信念网络算法的执行效率,检测效果更好。秦栋(2015)研究了一种动态背景下运动目标检测的并行算法,通过 GPU 对光流法以及运动补偿进行加速处理得到静态背景,再使用自适应高斯混合背景建模的并行算法对运动目标进行检测,提高了检测的速度和效率。贺维维(2014)提出了一种基于 MPI+OpenMP 的目标检测层次化并行方案,基于集群环境进行测试分析,仿真结果表明检测效果良好。彭彪(2014)在目标检测与特征提取串行算法的基础上,提出了基于 OpenMP 和多核 CPU 平台的三层并行优化算法,在四核 CPU 平台上获得了接近 Amdahl 极限的加速比。叶琛(2014)基于 C/S 模式在已经搭建好的软件和硬件平台上开发了一套 SAR 图像变化检测并行处理系统,由 PC 机做客户端运行用户界面,VPF2 做服务器负责算法处理,实验结果良好。李利民(2010)结合 SAR 图像目标检测算法的特点,设计了并行处理算法的图像分割策略,针对通用并行处理机群的多样性,设计了适用于 SAR 图像目标检测的通用负载均衡算法,通过实验验证了算法的有效性及各自适用的并行处理机群环境。曹治国(2001)选择了一主多从的并行处理方式,将一幅图像分成若干子图,每个从 DSP 只针对一幅子图检测目标,并将检测结果送到主控板上的 DSP,由主控板 DSP 最后决定目标的位置,实验结果表明该算法提高了海上目标检测精度。

6.1.2 并行分布式训练策略

1. 模型并行

模型并行指的是将模型的不同部分分散部署到一台或多台设备的多个GPUs 上进行训练,如图 6.1 所示。当神经网络模型很大时,由于显存限制,难以在单个 GPU 上运行,那么可以采用模型并行方式,例如 Google 的神经机器翻译系统。深度学习模型一般包含多层,采用模型并行策略一般将不同的层分散到不同的 GPU 上运行，但是由于层与层之间存在串行逻辑和约束，所以除非模型本身很大，一般不采用模型并行。如果模型本身存在一些可以并行的单元，那么也是可以利用模型并行来提升训练速度，比如 GoogLeNet 的 Inception 模块。

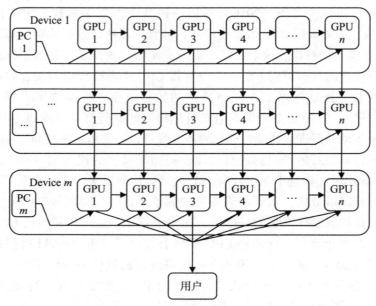

图 6.1　模型并行训练

2. 数据并行

深度学习模型最常采用的分布式训练策略是数据并行，就是在很多设备上放置相同的模型，并且各个设备采用不同的训练样本对模型进行训练。常采用的是 Batch SGD 方法，每个设备采用不同的数据训练不同的 Batch，然后收集这些梯度用于模型参数更新。例如 Facebook，采用数据并行策略训练 Resnet50，使用 256 个 GPUs，每个 GPU 读取 32 个图片进行训练，这样相当于采用 $32 \times 256 = 8192$ 的 Batch 来训练模型。

数据并行可以是同步的（Synchronous），也可以是异步的（Asynchronous）。同步指的是所有的设备都是采用相同的模型参数来训练，等所有设备的 mini-batch 训练完成后，收集它们的梯度并取均值，再执行模型的一次参数更新。同步训练需要各个设备的计算能力均衡、集群的通信均衡，类似于木桶效应，能力最差的设备会决定最终的训练进度。异步训练中，各个设备完成一个 Mini-batch 训练后, 直接更新模型的参数, 无需考虑其他节点, 总体训练速度会更快。但是异步训练存在梯度失效问题 (Stale Gradients), 从而可能陷入次优解。微软提出异步随机梯度下降 (Asynchronous Stochastic Gradient Descent) 方法, 通过梯度补偿解决异步训练的梯度失效问题。同步训练和异步训练结构如图 6.2 和图 6.3 所示。

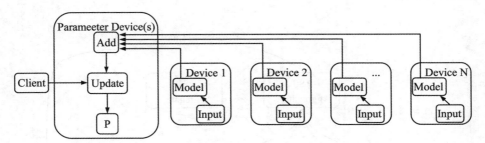

图 6.2 数据并行中的同步训练方式

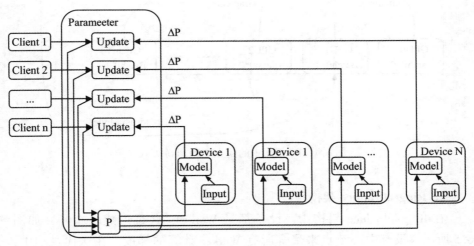

图 6.3 数据并行中的异步训练方式

6.1.3 并行分布式训练架构

并行分布式系统包括两种架构: Parameter Server 架构 (参数服务器架构) 和 Ring-allreduce 架构。

1. Parameter Server 架构

Parameter Server 架构 (以下简称 PS 架构) 中, 集群中的节点分为两

类：Parameter Server 和 Worker，其中 Parameter Server 存放模型的参数，而
Worker 负责计算参数的梯度。每个迭代过程，Worker 从 Parameter Sever 中
获得参数，然后将计算的梯度返回给 Parameter Server，Parameter Server 聚合
从 Worker 传回的梯度，然后更新参数，并将新的参数传给 Worker。PS 架构
是深度学习最常采用的分布式训练架构。采用同步 SGD 训练方式的 PS 架构
如图 6.4 所示。

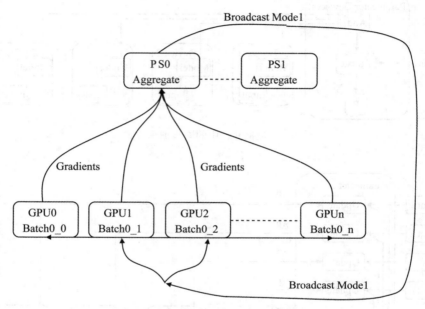

图 6.4　PS 架构中的同步 SGD 训练方式

2. Ring-allreduce 架构

在 Ring-allreduce 架构中，设备都是 Worker，并且形成一个环，如图
6.5 所示，没有中心节点来聚合所有 Worker 计算的梯度。在迭代过程中，
每个 Worker 完成自己的 Mini-batch 训练，计算出梯度，并将梯度传递给环
中的下一个 Worker，同时它也接收上一个 Worker 传递的梯度，各个 Worker
接收到其他所有 Worker（自身除外）的梯度后更新模型参数。

与 PS 架构相比，Ring-allreduce 架构是带宽优化的，其可以充分利用
BP 算法的特点，减少训练时间。百度的实验中发现训练速度基本上线性正
比于 GPUs 数目（Worker 数）。

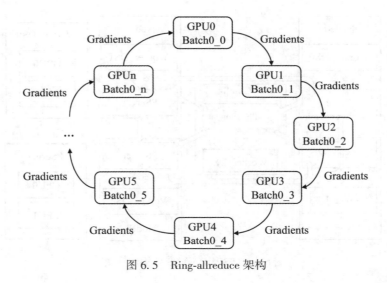

图 6.5 Ring-allreduce 架构

6.2 模型训练的多核并行架构设计

6.2.1 并行分布式架构设计

综合 Parameter Server 架构和 Ring-allreduce 架构的优势，本节设计了最优交错单机并行多机分布架构（OISPMDA-FDS：Optimal Interleaved Single machine Parallel Multi machine Distributed Architecture for Fixed Data Sets），如图 6.6 所示。OISPMDA-FDS 架构中，由 1 个中心节点 Chief 和若干子节点 Node 组成，中心节点 Chief 与每个子节点 Node 成星型联结，所有子节点在逻辑上成闭环联结。与传统的中央架构不同的是，每个节点都由 1 个参数服务单元 PServer 和 1 个计算服务单元 Worker 组成。每个子节点 Worker 中的数据集不同，分别用 Worker_DS0、Worker_DS1 等区分，所有子节点 Worker_DS 中的数据集的和等于训练数据集，中心节点数据集 Worker_DS 是完整的数据集。参数服务单元 PServer 由若干 CPU 组成，只负责传递存储数据，不负责计算；计算服务单元 Worker_DS 由若干 GPU 组成，只负责计算，不负责传递数据。

所有节点准备就绪，模型开始训练。在一个迭代过程中，子节点每个 Worker 完成自己的 Batch 训练，计算出梯度，传递给 PServer，读取模型文

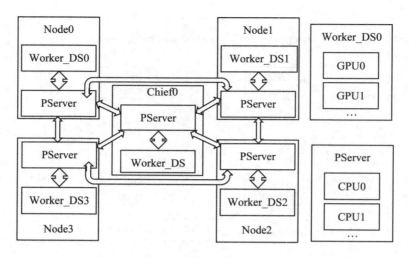

图 6.6　OISPMDA-FDS 架构示意图

件夹中的模型后继续训练。子节点 PServer 将本节点 Worker 计算的梯度等参数传递给中心节点 Chief，同时接收中心节点的模型参数，更新本节点模型文件夹中的模型供 Worker 调用，同时将模型参数传递到与之相连的上下端节点。上下端节点检查来自子节点的模型参数，与本节点模型参数对比决定是否更新本节点模型。中心节点 Chief 中的 PServer 监听接收每个子节点 Node 传递的模型参数，然后传递给本节点中的 Worker_DS 测试评估模型参数，并更新模型文件夹中的模型参数供子节点调用。

　　与其他架构相比，本节设计的 OISPMDA-FDS 架构有以下优势：

　　①每个子节点参与训练的数据集是固定且唯一的。所有的子节点数据集的和等于训练数据集，保证最小批次参与训练的数据集不重复，极限情况下一个最小批次就可完成所有数据集的训练。

　　②多途径保证每个子节点每次参与训练的模型参数总是最优的。每个子节点训练的结果通过本节点的 PServer 传递给中心节点，中心节点聚合所有 Worker 计算的梯度等模型参数，测试评估后将最优的模型参数传递到每个子节点。另外，子节点获取最优模型参数后，及时传递给上下端节点，使上下端节点及时更新本节点的模型，保证本节点 Worker 调用的模型参数是最优的。

　　③每个子节点的计算单元不停歇地交错训练。每个子节点一个最小批次训练完毕后，不需考虑模型参数的传递，直接从本节点模型文件夹中读取模

型继续训练，保证了每个节点的计算单元不停歇地训练，从而实现了不同子节点的交错训练。

6.2.2 OISPMDA-FDS 部署

本书所设计的 OISPMDA-FDS 架构是由多个 PServer 进程和 Worker_DS 进程组成的，主要是针对多机多卡设计的分布式框架，首先在单机多卡环境中部署，然后在多机多卡环境中部署。海洋目标检测的模型和数据集针对单机有限内存的 GPU 已做相应的优化处理，对 OISPMDA-FDS 稍加改进即可部署在单机多卡环境中。单机多卡（并行）的优势是减少任务之间的通信开销，多机多卡（分布式）使用多台服务器，可以将参数更新和图计算分开，降低整个服务器的压力。

1. 单机多 GPU 的部署

GPU，即计算机图像处理器，是影响深度神经网络训练时间的重要因素之一，本书对单机上多个 GPU 进行并行式部署，高效完成训练任务。OISPMDA-FDS 支持指定相应的设备来完成相应的操作，所以如何分配任务是关键，GPU 擅长大量计算，所以整个 Inference 和梯度的计算分配给 GPU，参数更新分配给 CPU。单机多 GPU 部署如图 6.7 所示，图中单机安装了 2 个 GPU，一次处理 2 个 Batch，每个 GPU 处理一个 Batch 的数据计算，模型参数或者计算图可以拆开放到不同的设备上，通过变量名共享参数，变量（参数）保存在 CPU 上。①数据由 CPU 分发给 2 个 GPU，在 GPU 上完成计算，得到每个批次要更新的梯度；②在 CPU 上收集完 2 个 GPU 上要更新的梯度，计算平均梯度，用平均梯度去更新参数；③循环进行上面步骤完成训练。需要注意的是，这个收集梯度的过程是同步的，必须等所有 GPU 结束后 CPU 才开始平均梯度的操作，很明显整个模型的训练速度取决于最慢的GPU。

2. 多机多 GPU 的部署

多机多 GPU，即多机多卡是指多台服务器有多块 GPU 设备，充分使用多台计算机的性能，划分不同的工作节点。OISPMDA-FDS 多机多卡实验的部署如图 6.8 所示，分别由 2~5 台机器构成一个集群，每台机器上安装 2 块 GPU。OISPMDA-FDS 分布式机器学习框架把作业分成参数作业（Parameter Job）和工作作业（Worker Job），参数服务器（PS）运行参数作业，负责管理参数的存储和更新，工作作业负责模型计算的任务。OISPMDA-FDS 的分布式实现了作业间的数据传输，即参数作业到工作作业

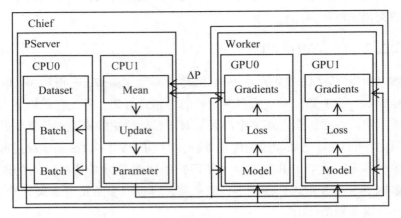

图 6.7　单机多 GPU 部署

的前向传播，以及工作作业到参数作业的反向传播。

（1）搭建分布式环境

创建一个集群 Cluster，分配工作 Job 和任务 Task，并为每个任务分配主机地址，为每个任务创建一个服务 Server。在创建 Sever 时必须要传入 Cluster，这样每个 Server 才可以知道自己所在的 Cluster 包含哪些 Hosts，然后 Server 与 Server 之间才可以通信。Sever 需要在自己所在的 Host 上创建，一旦所有的 Server 在各自的 Host 上创建完成，整个集群就搭建完成，Cluster 之间的各个 Server 可以互相通信。每个 Server 包含两个组件：Master 和 Worker。其中 Master 提供 Master Service，其主要功能是可以提供对 Cluster 中各个设备的远程访问（RPC 协议），同时它的另外一个重要功能是作为创建 Tf. Session 的 Target。而 Worker 提供 Worker Service，可以用本地设备执行计算子图。

（2）启动服务

指定一个节点（Node）为主节点（Chief），负责管理各个节点，协调各节点之间的训练，并且完成模型初始化和模型保存与恢复等公共操作。

（3）所有节点准备就绪模型开始训练

在一个迭代过程中，①在子节点 Node0 中的参数服务单元内的 CPU0 根据集群中节点的总数从数据集中取出分摊到本节点的数据集 DS0，根据本节点 GPU 数及训练批次准备 2 个 Batch 训练数据集，分发给 Worker_DS0 中的 2 个 GPU 进行训练，将训练后的梯度 ΔP 传给本节点的参数服务单元 PServer 中的 CPU1，CPU1 用聚合后的梯度更新模型的参数后继续训练；②本节点的 Worker_DS0 完成指定步数的训练后，将最后一步的梯度传递给集群中主节点 Chief0 的模型参数文件夹中，并从主节点 Chief0 的模型参数文件夹中提取最优模型参数，保存到本节点的模型参数文件夹中，更新参数进行新一轮的迭代，随后将最优模型参数分发给与本节点相连的上下游节点 Node1 和 Node2 的参数服务单元；③Node1 和 Node2 的参数服务单元验证参数的最新性后，将最新的模型参数保存到本节点的模型参数文件夹中，为本节点新一轮的训练提供最新模型参数；④主节点 Chief0 的 PServer 中的 CPU1 监听模型参数文件夹，可以及时读取集群中各节点传递的参数，然后传递给本节点中的 Worker_DS 测试评估模型参数，并将最优模型参数保存在模型参数文件夹中，供各节点读取模型文件夹中的模型继续训练。

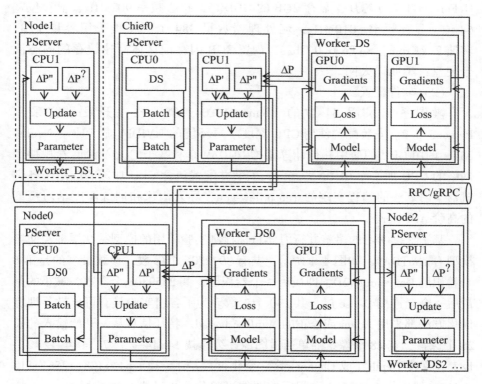

图 6.8　多机多 GPU 部署

6.3　模型训练的多核并行实验

6.3.1　实验环境

（1）硬件配置

实验环境要求在轻量级的环境下运行深度学习神经网络，且支持 GPU 但内存限制在 2GB 以内。根据实验环境要求，硬件配置如下：处理器采用英特尔酷睿 i7-6700 处理器，基本频率为 3.4GH，最大 4.0GHz Turbo 频率，4 核 8 线程 8 MB 缓存，最高支持 2133 MT/s DDR4 内存数据速率；芯片组采用英特尔 Q270；内存 32GB 的 DDR4-2133，4 个 DIMM 插槽，最高 2400 MT/s，数据总线位宽 64 bits；2 个显卡插槽，支持 PCI Express 3.0，每个插槽数据传输率达 8GB/s；GPU 显卡采用 GK208B 核心的 NVIDIA GeForce GT 730 芯片，显存 2GB 的 GDDR5，核心频率 902MHz，显存位宽 64 位，显存频率 5010MHz，流处理器数量 384 个；硬盘采用容量 1TB，转速 7.2Krpm，SATA 6.0 Gb/s，内置 8GB 闪存记忆体高速缓存的固态混合硬盘；千兆以太网。

（2）软件配置

操作系统采用 64 位的 Ubuntu 16.04 LTS，软件开发语言采用 Python3.5.2。安装配置使用 GPU 深度学习环境的 NVIDIA 显卡驱动 Nvidia-384，调用 GPU 的通用并行计算架构 CUDA9.0 和基于 CUDA 深度卷积神经网络的 GPU 加速库 CUDNN7.6.2；安装并配置包含 GPU 加速的应用于各类机器学习算法的编程实现的 Tensorflow-gpu，导入构建和训练深度学习模型的高阶 API Keras。

基于深度学习的多核并行海洋目标检测实验采用的模型是 9 层神经网络模型 OceanTDA9，如图 4.1 所示，共有 3972706 个参数，参数最多的是第 6 个卷积层 Convolution2D，即最后一个卷积层，共 2359808 个参数，最小的是最后一个全连接 Dense 层，共 130 个参数。为了各组实验具有可比性，训练优化方法都采用 Adam 或修正的 WinR-Adagrad。特征信息从一开始输入的长 28 个像素、宽 28 个像素的单通道图像逐级递减 14×14→ 7×7→4×4→2×2→ 1×1 ，深度 Depth（或 Channel 数）变化过程是 1→32→64→128→256→512 →512，然后将 1×1×512 卷积后的图像平整化，再进入全连接层 Dense，特征由 512 维压缩到 64 维，ReLU 又接 Dropout0.2 过渡，并再次用一个 64 个神经元的全连接 Dense 层作为缓冲，之后进入全连接层 Dense，进一步压缩到 2 维且输入 Softmax 进行分类。

为了验证深度学习在多核并行海洋目标检测的有效性，本书在极化 SAR 海洋目标检测数据集上进行了 3 类 13 组实验，其中 3 类即单机 GPU、多机 CPU、多机 GPU 三类实验。13 组分别是，单机 GPU 的 2 组实验，即单机单 GPU 和单机双 GPU；多机 CPU 包括 3 组实验，即由 2 台、3 台、4 台机器部署，每台微机有 1 个 CPU（CPU：0）组成的集群；多机 GPU 有 8 组实验，分别是由 2 台、3 台、4 台、5 台微机组成的每台微机有 1 个 GPU 组成的单 GPU 集群和每台微机有 2 个 GPU 组成的双 GPU 集群。这 3 类 13 组实验分别从单机并行、多机分布的数据传输指标、CPU 与 GPU 指标、集群的规模指标等检验了各指标对海洋目标检测的影响。

6.3.2 单机单/双 GPU 实验

在一台实验机上分别安装 1 个 GPU 和 2 个 GPU，对本书提出的 9 层深度学习模型 OceanTDA9 进行训练，训练损失与耗时如图 6.9 所示。图例中 OceanTDN1G11 是单机单 GPU，每批训练样本数是 100，共训练 8250 批，训练用时 1218s，最终损失是 0.2336，最后 5 次损失的平均值是 0.2875，标准差 0.0995；OceanTDN1G22 是单机双 GPU，2 个 GPU 每批训练样本数是 200，共训练 4125 批，训练用时 1118s，最终损失是 0.2498，最后 5 次损失的平均值是 0.2774，标准差 0.0816。对于训练相同的样本数，单机双 GPU 比单机单 GPU 节约时间 8.21%，最后 5 次损失的平均值优于单机单 GPU 3.51%。

单机单 GPU OceanTDN1G11 中的 GPU 在训练各个环节利用情况如图 6.10 所示，单机双 GPU OceanTDN1G22 中的 2 个 GPU 在训练各个环节利用情况如图 6.11 所示。

6.3.3 多机多 CPU 实验

在由 2、3、4 台实验机组成的集群中每台计算机上利用单核 CPU，对本书提出的 9 层深度学习模型 OceanTDA9 进行训练，训练损失与耗时如图 6.12 所示。图例中 OceanTDN2c0、OceanTDN323c0 和 OceanTDN424c0 分别是由 2、3、4 台实验机组成的集群中的主计算机，每台计算机每批训练样本数是 200，其他训练参数及训练结果如表 6.1 所示。表中 steps 是训练次数，loss 是最终训练的损失，$5\mu\_loss$、$5\sigma\_loss$ 分别是最后 5 次训练的损失的平均值和标准差，time（s）是训练用时，单位是秒。图 6.12 和表 6.1 中数据显示，由 2 到 4 台实验机组成的多机多 CPU 集群，参与训练的计算机越多，

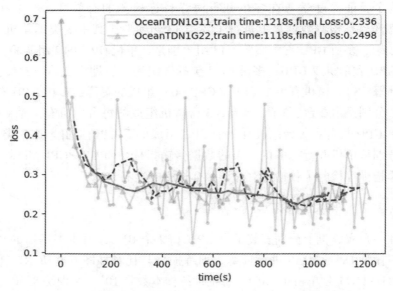

图 6.9　单机单 GPU 与单机双 GPU 并行训练损失与耗时图

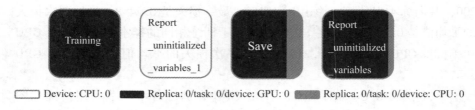

图 6.10　OceanTDN1G11 中训练各个环节设备分配图

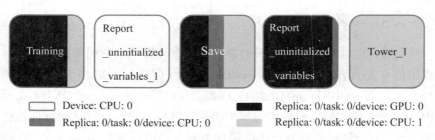

图 6.11　OceanTDN1G22 中训练各个环节设备分配图

训练用时越少。训练相同的样本数（8250×200）4 台实验机组成的集群比 2

台实验机组成的集群节约用时 46.97%，最后 5 次损失的平均值优于后者 2.02%。

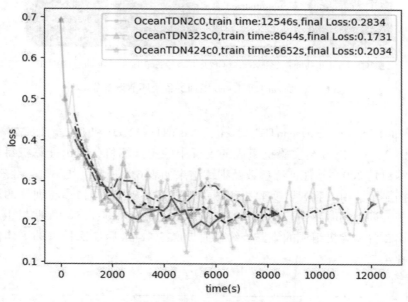

图 6.12 多机多 CPU 并行训练损失与耗时图

表 6.1 　　　　　　　**多机多 CPU 不同集群数训练结果**

cluster	shief	steps	loss	5μ_loss	5σ_loss	time（s）
2	OceanTDN2c0	8250	0.2834	0.2715	0.0821	12546
3	OceanTDN323c0	5500	0.1731	0.2631	0.0950	8644
4	OceanTDN424c0	4125	0.2034	0.2660	0.1038	6652

多机多 CPU OceanTDN424c0 中的 CPU 在训练各个环节利用情况如图 6.13 所示。

6.3.4 多机多 GPU 实验

（1）多机多 GPU（1GPU/机）实验

在由 2、3、4、5 台实验机组成的集群中每台计算机上分别安装 1 个 GPU，按本书设计的最优交错单机并行多机分布架构 OISPMDA-FDS 对 9 层深度学习模型 OceanTDA9 进行训练，训练损失与耗时如图 6.14 所示。图例

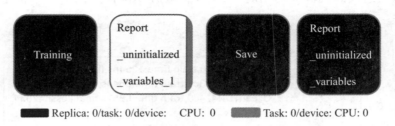

图 6.13　OceanTDN424c0 中训练各个环节设备分配图

中 OceanTDN221c0、OceanTDN321c0、OceanTDN421c0 和 OceanTDN521c0 分别是由 2、3、4、5 台实验机组成的集群中的主计算机，每台计算机每批训练样本数是 200，其他训练参数及训练结果如表 6.2 所示。图 6.14 和表 6.2 中数据显示，由 2 到 5 台实验机组成的多机多 GPU 集群，参与训练的计算机越多，训练用时越少。训练相同的样本数（8250×200）5 台实验机组成的集群比 2 台实验机组成的集群节约用时 50.55%，最后 5 次损失的平均值优于后者 4.23%。

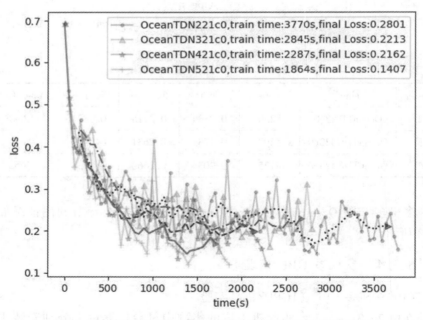

图 6.14　多机多 GPU（1GPU/机）并行训练损失与耗时图

表 6.2 多机多 GPU（1GPU/机）不同集群训练结果

cluster	chief	steps	loss	5μ_loss	5σ_loss	time（s）
2	OceanTDN221c0	8250	0.2801	0.2572	0.0865	3770
3	OceanTDN321c0	5500	0.2213	0.2764	0.0967	2845
4	OceanTDN421c0	4125	0.2162	0.2563	0.1022	2287
5	OceanTDN521c0	3300	0.1407	0.2463	0.1201	1864

多机多 GPU（1GPU/机）OceanTDN521c0 中的 GPU 在训练各个环节利用情况如图 6.15 所示。

Replica: 0/task: 0/device: GPU: 0　Replica: 0/task: 0/device: CPU: 0　Task: 0/device: CPU: 0

图 6.15 OceanTDN521c0 中训练各个环节设备分配图

（2）多机多 GPU（2GPU/机）实验

在由 2、3、4、5 台实验机组成的集群中每台计算机上分别部署 2 个 GPU，按本书提出的最优交错单机并行多机分布架构 OISPMDA-FDS 对 9 层深度学习模型 OceanTDA9 进行训练，训练损失与耗时情况如图 6.16 所示。图例中 OceanTDN222c0、OceanTDN322c0、OceanTDN422c0 和 OceanTDN522c0 分别是由 2、3、4、5 台实验机组成的集群中的主计算机，每台计算机每批训练样本数是 200，其他训练参数及训练结果如表 6.3 所示。图 6.16 和表 6.3 中数据显示，由 2 到 5 台实验机组成的多机多 GPU 集群，参与训练的计算机越多，训练用时越少，训练相同的样本数（8250×200）5 台实验机组成的集群比 2 台实验机组成的集群节约用时 57.82%，最后 5 次损失的平均值劣于后者 21.98%，最终损失劣于后者 2.01%。

表 6.3 多机多 GPU（2GPU/机）不同集群训练结果

cluster	chief	steps	loss	5μ_loss	5σ_loss	time（s）
2	OceanTDN222c0	4125	0.2436	0.2775	0.0869	2129

续表

cluster	chief	steps	loss	5μ_loss	5σ_loss	time（s）
3	OceanTDN322c0	2750	0. 2119	0. 2718	0. 1080	1465
4	OceanTDN422c0	2062	0. 2242	0. 3110	0. 1163	1109
5	OceanTDN522c0	1650	0. 2485	0. 3385	0. 1202	898

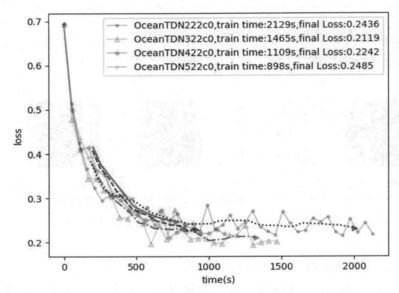

图 6.16　多机多 GPU（2GPU/机）并行训练损失与耗时图

多机多 GPU（2GPU/机）OceanTDN522c0 中的 GPU 在训练各个环节利用情况如图 6.17 所示。

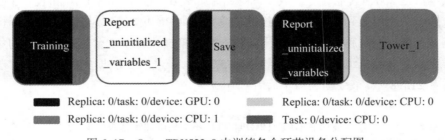

图 6.17　OceanTDN522c0 中训练各个环节设备分配图

通过对上述实验结果的分析可以得到如下结论：

①本书设计的最优交错单机并行多机分布架构（OISPMDA-FDS：Optimal Interleaved Single machine Parallel Multi machine Distributed Architecture for Fixed Data Sets）是可行且有效的，很容易部署在单机多卡、多机多卡环境中。

②OISPMDA-FDS 架构部署在多机多卡环境中效率是明显的，在 5 机 10 卡轻量级（2GB 内存的 GPU）集群中训练百万级参数的模型（模型总参数是 2359808 个）效率可达百万像素/秒（1437333pix/s）。

③本书第 4 章提出的 9 层深度学习模型 OceanTDA9 适宜 OISPMDA-FDS 架构，满足海洋目标检测的需求。

④对海洋目标检测实时性需求高的场景，不建议使用没有 GPU 参与的 CPU 集群。对等量训练数据进行训练，相同集群数的多机多 GPU（1GPU/机）比多机多 CPU（单核 CPU/机）节约用时 65.61%，多机多 GPU（2GPU/机）节约用时 83.32%。

⑤对于用于海洋目标检测的极化 SAR 深度学习数据集，增加集群中计算机的数量可有效节省训练用时，本书实验环境中尚未出现因网络数据传输造成集群中计算机数量的增加而训练用时不减少的情况。

6.4 目标提取的多核并行实验

采用本书所构建的硬目标检测模型 OceanTDA9 和分布目标检测模型 OceanTDL5，按照 6.2 节所设计的并行分布式架构——OISPMDA-FDS，对经过预处理的极化 SAR 和多光谱数据集进行学习训练，得到海洋硬目标和分布目标检测的神经网络模型参数。调用模型参数对研究区域进行检测，得到以深度学习子图像为单位（28 像素×28 像素）的疑似硬目标和分布目标。利用基于 CNN 初检的 CFAR 方法（OTD_StErf）、基于卡方分布临界值的方法（OTD_KS2）、基于 Loglogistic 的海洋目标提取方法（OTD_Loglogistic）、基于伴方差修正模型的复杂海况的海洋目标提取方法（OTD_Sgmloglog），采用本章设计的单机并行（8 核 CPU）和多机分布（由 2~5 台计算机构成的集群）的多核并行架构对研究区域的目标进行提取。

6.4.1 多核并行海洋目标提取流程

单机并行和多机分布的多核并行海洋目标提取总流程如图 6.18 所示。集群中每台计算机都配置 32GB 内存的 4 核 8 线程 CPU、2 块 2GB 显存的

GPU，所有计算机组成千兆以太网。集群中每台计算机都配置深度学习后的网络参数模型及极化 SAR 和多光谱影像数据，确保网络中传输的是必需的冗余度极低的动态数据。

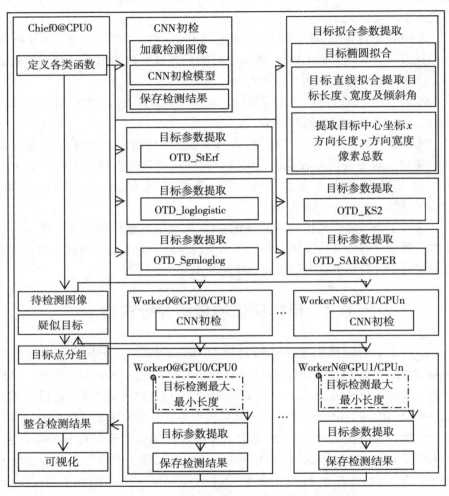

图 6.18 单机并行和多机分布的多核并行海洋目标提取流程图

软件和硬件环境搭建好后，启动服务，指定一个节点（Node）为主节点（Chief），负责管理各个节点，协调各节点之间的操作，完成任务的分发、中间结果的收集及最后结果的整合及可视化。其他工作节点（Worker）接收到主节点的任务后，根据任务需求初始化相应函数。其中 CNN 初检函数的功能是调用深度学习后的模型参数，检测待检影像并将检测结果保存到相应的文件夹中，以备主节点调用。目标拟合参数提取函数功能是完成疑似目标的聚类，提取疑似目标中心坐标、倾斜度等位置参数及长度、宽度、面积等形状参数，采用直线拟合中心轴线、椭圆拟合疑似目标的形状等。目标参数提取函数分别采用基于 CNN 初检的 CFAR 海洋目标提取、基于卡方分布临界值的海洋目标提取、基于 Loglogistic 的海洋目标提取、基于伴方差修正模型的复杂海况的海洋目标提取等方法提取目标。

集群中各个工作节点完成主节点分配的 CNN 初检任务后，将检测到的以深度学习子图像为单位（28 像素×28 像素）的疑似目标保存到相应的文件夹中，并通知主节点已完成任务。主节点根据集群中工作节点的负载情况将收集到的疑似目标分组分发给相应的工作节点。工作节点接收到主节点的任务后，调用目标参数提取函数，根据设定的目标检测最大和最小长度及长宽比等，提取满足条件的目标参数并保存到相应的文件夹中，通知主节点已完成任务。主节点收集集群中各工作节点检测到的目标参数，整合后进行动态可视化。

调用深度学习模型参数对待检图像进行初检，初检结果如图 6.19 所示。海洋目标参数提取是目标检测的重要环节，为了保证实验数据具有可比性，

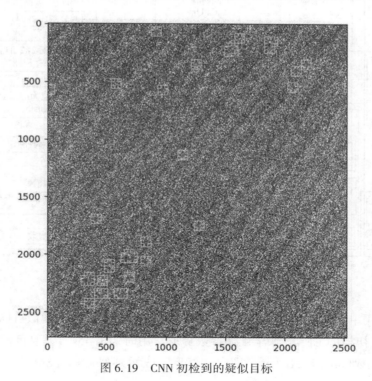

图 6.19 CNN 初检到的疑似目标

以下各种目标参数提取方法的实验都采用相同海域相同实验数据在相同实验环境中进行。

6.4.2　基于 CNN 初检 CFAR 目标提取实验

采用本书所设计的并行分布式构架进行基于 CNN 初检的 CFAR 海洋目标提取（OTD_StErf）实验，提取流程如图 6.20 所示。

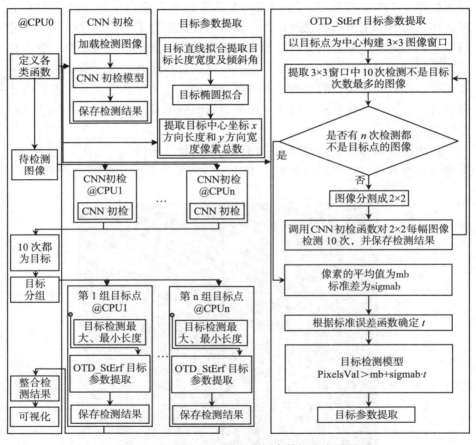

图 6.20　OTD_StErf 方法目标参数提取流程图

采用单机单核对图 6.19 所示的深度学习后初检的 35 个疑似目标进行基于 CNN 初检的 CFAR 海洋目标参数提取，用时 381.45s，提取目标 22 个。其时间序列如图 6.21 所示，图中"红点"表示疑似目标（Starget）显示时间,"蓝+"表示提取目标(Etarget)显示时间。图中显示每个目标提取用时约6s,为了保证显示效果及数据存储,设置每个目标显示后延时5s再关闭,本节所有CPU-t图情况一样,不再单独说明。第一幅疑似目标是在程序运行1s时显示的。

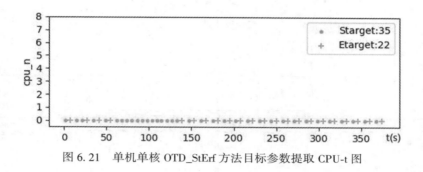

图6.21 单机单核OTD_StErf方法目标参数提取CPU-t图

实验中各个节点中各核CPU显示疑似目标和提取目标的时间如图6.22所示,其中,图(a)是单机8核CPU并行计算,35个疑似目标分配情况是0~7核CPU随机分配4~5个任务,各核CPU领到任务后,依次显示疑似目标在研究海域中的位置,并按用户指定的目标大小、长宽比等需求,按图6.20所示的OTD_StErf目标参数提取流程并行提取目标,并显示满足要求的提取目标,其检测与提取时间及各核CPU状态如图6.22中"蓝+"所示的Etarget。从图6.22(a)中可以看出,疑似目标检测用时约6~7s,每个目标提取用时约5~7s。

图6.22(b)是双机16核CPU并行计算,0~15核CPU随机分配2~3个任务,疑似目标检测用时、每个目标提取用时均约6~7s。最先完成任务的是5核和6核CPU,分配了2个任务(都不是满足条件的目标),用时10s。最后完成任务的是1核CPU,用时约33s,该CPU共分配了3个任务,即需检测3个疑似目标,其中2个疑似目标是满足条件的目标,这2个目标提取时间分别在10s和25s处。

图6.22(c)是3机24核CPU并行计算,每核CPU随机分配任务1~2个,最先完成任务的CPU用时3s,最后完成任务的CPU用时约27s。图6.22(d)是4机32核CPU并行计算,每核CPU随机分配任务1~2个,最先完成任务的CPU用时1s,最后完成任务的CPU用时约23s。图6.22(e)是5机40核CPU并行计算,由于共有35个任务,参与计算的CPU共35

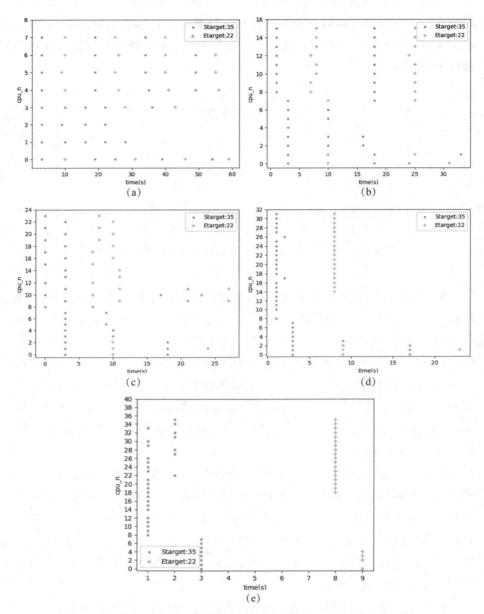

图 6.22　单机多核/多机多核 OTD_StErf 目标参数并行提取 CPU-t 图

核，每核 CPU 随机分配 1 个任务，最先完成任务的 CPU 用时 1s，最后完成任务的 CPU 用时约 9s。图 6.22（b）～图 6.22（e）中 0~7 核 CPU 是主节点的 CPU，由于主节点负责向其他工作节点分配任务，造成主节点中的 CPU 显示第一幅疑似目标的时间是在程序运行第 3s 时，而其他工作节点第一幅疑似目标分别是在程序运行第 1s、0s 或第 3s、1s 或第 2s、1s 或第 2s 时显示的。

单机多核/多机多核基于 CNN 初检的 CFAR 海洋目标参数并行提取方法，各节点 CPU 任务执行状态如表 6.4 所示。其中，单机 8 核 CPU 每核 CPU 用时约 53.77s，所有 CPU 用时总计 430.23s，完成任务总用时 67.07s，是单机用时的 17.58%，比单机节约用时 82.49%。5 机 40 核 CPU 组成的集群完成任务用时 17.66s，是单机用时的 4.62%，比单机节约用时 95.38%。其他集群中 CPU 执行状态如表 6.4 所示。

表 6.4　单机多核/多机多核 OTD_StErf 目标参数并行提取 CPU 任务执行状态

类别	工作核数 job count	节点任务% % of all jobs	节点总用时(s) job time sum	每核用时(s) time per job	节点服务器 job server	总用时(s) time elapsed
单机 8 核 CPU	8	100	430.23	53.77	local	67.07
双机 16 核 CPU	8	50	190.77	23.84	local	37.96
	8	50	279.62	34.95	192.168.69.93: 35000	
3 机 24 核 CPU	8	33.33	149.59	18.69	local	32.76
	8	33.33	148.12	18.51	192.168.69.93: 35000	
	8	33.33	170.33	21.29	192.168.69.30: 35001	
4 机 32 核 CPU	8	25.00	129.34	16.16	local	31.34
	8	25.00	113.13	14.14	192.168.69.35: 35001	
	8	25.00	112.18	14.02	192.168.69.30: 35002	
	8	25.00	105.28	13.16	192.168.69.93: 35000	

续表

类别 	工作核数 job count	节点任务% % of all jobs	节点总用时(s) job time sum	每核用时(s) time per job	节点服务器 job server	总用时(s) time elapsed
5 机 40 核 CPU	7	19.44	79.78	11.39	192.168.69.93： 35000	17.66
	7	19.44	91.38	13.05	192.168.69.9： 35003	
	7	19.44	73.28	10.46	192.168.69.30： 35002	
	7	19.44	91.40	13.05	192.168.69.35： 35001	
	8	22.22	106.45	13.30	local	

提取结果如图 6.23 所示，图中绿色色框是 CNN 检测的 28×28 图像中的非疑似目标，品红（magenta）色框是 CNN 检测 10 次的 28×28 图像中的疑似目标，红色色框是提取的目标，见局部放大图。聚类后采用 28×28 图像中长度大于 250m、小于 1500m、目标纵横比≤10 去虚警。

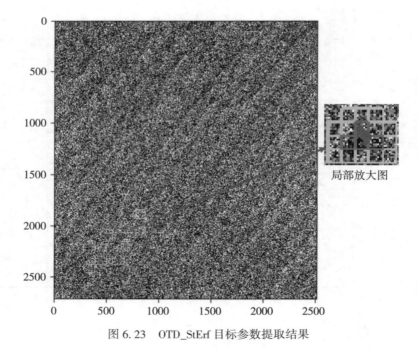

局部放大图

图 6.23　OTD_StErf 目标参数提取结果

　　采用椭圆拟合提取目标的中心坐标、长轴旋转角度等位置参数及长轴、短轴、包含像素的总数等形状参数，得到的可视化结果如图 6.24 所示，图中方框部分放大后如图 6.25 所示。提取目标的椭圆拟合参数如表 6.5 所示（不包含部分重复目标，其他类似表格相同，不再单独说明）。

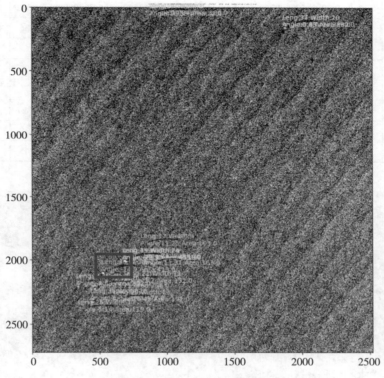

图 6.24　基于 OTD_StErf 提取的目标拟合可视化

表 6.5　　　　　　　　　　　　　　　**基于 OTD_StErf 提取目标的参数**

行	列	旋转角度	长半轴	短半轴	像素数
65. 0	902. 0	0. 26499998569488525	15. 395000457763672	4. 480000019073486	100. 0
65. 0	882. 0	0. 2980000078678131	8. 380000114440918	0. 865000095367432	22. 0
160. 0	1874. 0	0. 010999999940395355	18. 514999389648438	10. 005000114440918	302. 0
158. 0	1874. 0	0. 02500000037252903	17. 020000457763672	9. 9350004196167	280. 0
160. 0	1874. 0	0. 014000000432133675	18. 520000457763672	10. 005000114440918	309. 0
1888. 0	813. 0	0. 19900000095367432	8. 824999809265137	4. 610000133514404	103. 0
2012. 0	689. 0	−0. 5749999880790710	19. 719999313354492	12. 579999923706055	541. 0

续表

行	列	旋转角度	长半轴	短半轴	像素数
2011. 0	687. 0	−0. 41999998688697815	22. 565000534057617	12. 46500015258789	531. 0
2012. 0	689. 0	−0. 5569999814033508	19. 719999313354492	13. 15999984741211	559. 0
2050. 0	839. 0	0. 20000000298023224	13. 335000038146973	8. 140000343322754	163. 0
2102. 0	524. 0	−0. 26600000262260437	15. 395000457763672	11. 369999885559082	413. 0
2206. 0	341. 0	−0. 01899999938905239	17. 985000610351562	7. 510000228881836	302. 0
2184. 0	689. 0	0. 020999999716877937	10. 520000457763672	5. 5	152. 0
2206. 0	341. 0	−0. 01200000010430813	17. 9950008392334	7. 510000228881836	312. 0
2223. 0	464. 0	0. 24400000274181366	15. 875	8. 125	200. 0
2326. 0	444. 0	−0. 11100000143051147	17. 889999389648438	13. 414999961853027	472. 0
2330. 0	612. 0	0. 2759999930858612	14. 5600004196167	6. 900000095367432	192. 0
2407. 0	351. 0	0. 09000000357627869	12. 675000190734863	5. 295000076293945	119. 0

图 6.25 提取目标拟合结果局部放大图

6.4.3 卡方分布临界值海洋目标提取实验

对卡方分布临界值海洋目标提取方法（OTD_KS2），采用单机单核对图

6.19 所示的深度学习后初检的 35 个疑似目标进行目标参数提取，用时 394.41s，提取目标 23 个。其时间序列如图 6.26 所示，图中"红点"表示疑似目标显示时间，"蓝+"表示提取目标显示时间。图中显示每个目标提取用时约 7s，第一幅疑似目标是在程序运行 1s 时显示的。

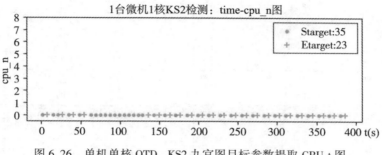

图 6.26　单机单核 OTD_ KS2 九宫图目标参数提取 CPU-t 图

　　采用单机多核/多机多核对图 6.19 所示的深度学习后初检的 35 个疑似目标进行卡方分布临界值海洋目标提取，各个节点中各核 CPU 显示疑似目标和提取目标时间序列如图 6.27 所示。其中，图 6.27（a）是单机 8 核 CPU 参与的并行计算，35 个疑似目标分配情况是 0~7 核 CPU 随机分配 4~5 个任务，最先完成任务的 CPU 用时 23s，最后完成任务的 CPU 用时约 60s。图 6.27（b）是双机 16 核 CPU 并行计算，0~15 核 CPU 随机分配 1~3 个任务，最先完成任务的 CPU 用时 3s，最后完成任务的 CPU 用时约 33s。图 6.27（c）是 3 机 24 核 CPU 并行计算，每核 CPU 随机分配任务 1~2 个，最先完成任务的 CPU 用时 10s，最后完成任务的 CPU 用时约 26s。图6.27（d）是 4 机 32 核 CPU 并行计算，每核 CPU 随机分配任务 1~2 个，最先完成任务的 CPU 用时 1s，最后完成任务的 CPU 用时约 24s。图 6.27（e）是 5 机 40 核 CPU 并行计算，由于共有 35 个任务，参与计算的 CPU 共 35 核，每核 CPU 随机分配 1 个任务，最先完成任务的 CPU 用时 1s，最后完成任务的 CPU 用时约 10s。图 6.27（b）～图 6.27（e）中 0~7 核 CPU 是主节点的 CPU，由于主节点负责向其他工作节点分配任务，造成主节点中的 CPU 显示第一幅疑似目标的时间是在程序运行 3s 或 2s 时，其他工作节点第一幅疑似目标分别是在程序运行 1s、2s、1s、1s 时显示的。

　　单机多核/多机多核卡方分布临界值海洋目标参数并行提取各节点 CPU 任务执行状态如表 6.6 所示。其中，单机 8 核 CPU 每核 CPU 用时约 55.49s，所有 CPU 用时总计 443.92s，完成任务总用时 67.56s，是单机用时

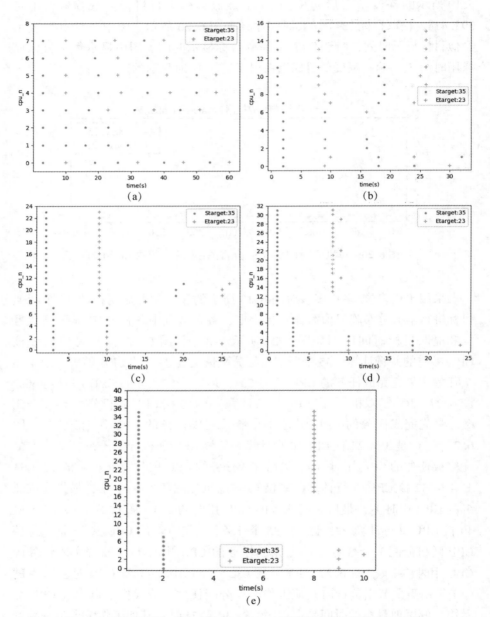

图 6.27　单机多核/多机多核 OTD_ KS2 目标参数并行提取 CPU-t 图

的 17.12%，比单机节约用时 82.88%。5 机 40 核 CPU 组成的集群完成任务用时 18.32s，是单机用时的 4.64%，比单机节约用时 95.36%。其他集群中

CPU 执行状态如表 6.6 所示。

表 6.6　　**单机多核／多机多核 OTD_ KS2 目标并行提取 CPU 任务执行状态**

类别	工作核数 job count	节点任务% % of all jobs	节点总用时(s) job time sum	每核用时(s) time per job	节点服务器 job server	总用时(s) time elapsed
单机 8 核 CPU	8	100	443.92	55.49	local	67.56
双机 16 核 CPU	8	50.00	283.72	35.46	192.168.69.93: 35000	38.66
	8	50.00	202.81	25.35	local	
3 机 24 核 CPU	8	33.33	154.34	19.29	local	33.41
	8	33.33	172.54	21.56	192.168.69.93: 35000	
	8	33.33	157.75	19.71	192.168.69.35: 35001	
4 机 32 核 CPU	8	25.00	134.48	16.81	local	32.10
	8	25.00	115.24	14.40	192.168.69.93: 35000	
	8	25.00	129.34	16.16	192.168.69.35: 35001	
	8	25.00	107.70	13.46	192.168.69.30: 35002	
5 机 40 核 CPU	7	19.44	93.46	13.35	192.168.69.93: 35000	18.32
	8	22.22	110.27	13.78	local	
	7	19.44	86.00	12.28	192.168.69.35: 35001	
	7	19.44	93.92	13.41	192.168.69.9: 35003	
	7	19.44	81.69	11.67	192.168.69.30: 35002	

　　采用卡方分布临界值海洋目标参数提取方法对研究海域相关 SAR 影像和多光谱影像进行目标参数提取,并用椭圆拟合其中心坐标、长轴旋转角度等位置参数和椭圆长轴、短轴、包含像素的总数等形状参数,拟合结果如图 6.28

所示,图中方框部分放大如图 6.29 所示。提取目标的椭圆拟合详细参数如表
6.7 所示。

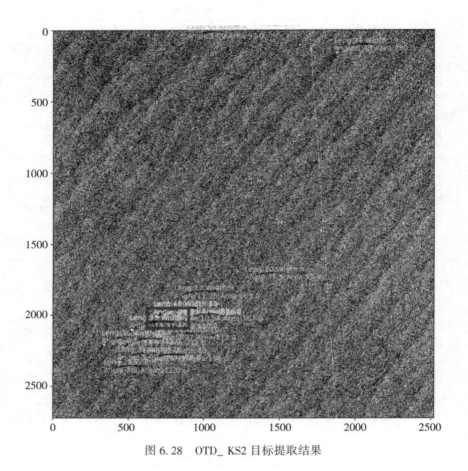

图 6.28　OTD_ KS2 目标提取结果

表 6.7　　　　　　　　　　　**OTD_ KS2 提取目标的参数**

行	列	旋转角度	长半轴	短半轴	像素数
65. 0	902. 0	0. 26600000262260437	15. 395000457763672	4. 474999904632568	97. 0
158. 0	1874. 0	0. 02500000037252903	17. 020000457763672	9. 9350004196167	280. 0
1756. 0	1280. 0	0. 47699999809265137	10. 274999618530273	4. 684999942779541	55. 0
1888. 0	813. 0	0. 19900000095367432	8. 824999809265137	4. 610000133514404	103. 0
2009. 0	688. 0	−0. 4659999907016754	24. 860000610351562	15. 100000381469727	626. 0
2011. 0	687. 0	−0. 42500001192092896	22. 53499984741211	12. 274999618530273	529. 0

续表

行	列	旋转角度	长半轴	短半轴	像素数
2011.0	689.0	−0.4880000054836273	23.260000228881836	15.170000076293945	616.0
2050.0	839.0	0.186000044107437	13.329999923706055	8.140000343322754	167.0
2104.0	525.0	−0.2549999952316284	17.575000762939453	11.505000114440918	439.0
2102.0	524.0	−0.27300000190734863	15.390000343322754	11.444999694824219	430.0
2206.0	341.0	−0.0140000043213368	17.989999771118164	7.514999866485596	311.0
2181.0	690.0	0.050999999046325684	14.135000228881836	5.494999885559082	173.0
2206.0	341.0	−0.0140000043213368	17.989999771118164	7.514999866485596	311.0
2222.0	465.0	0.25099998712539673	16.375	8.125	212.0
2326.0	444.0	−0.10499999672174454	17.69499969482422	13.399999618530273	469.0
2330.0	612.0	0.2849999964237213	14.5600004196167	6.800000190734863	190.0
2407.0	351.0	0.13699999451637268	12.725000381469727	5.019999980926514	111.0

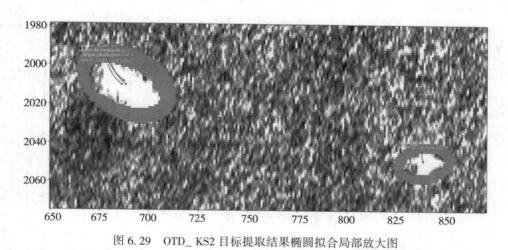

图 6.29　OTD_ KS2 目标提取结果椭圆拟合局部放大图

6.4.4　基于 Loglogistic 海洋目标提取实验

　　采用本书所设计的并行分布式构架进行基于 Loglogistic 的海洋目标提取（OTD_Loglogistic）实验，提取流程如图 6.30 所示。

　　采用单机单核对图 6.19 所示的深度学习后初检的 35 个疑似目标进行基于 Loglogistic 的海洋目标参数提取，用时 389.02s，提取目标 22 个。其时间序列如图 6.31 所示，图中"红点"表示疑似目标（Starget）显示时间，

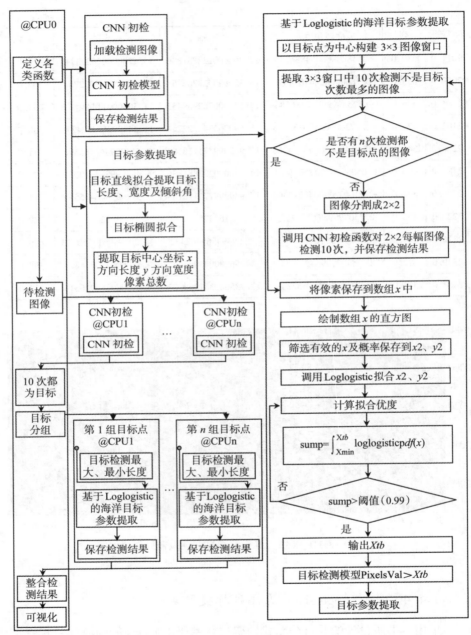

图 6.30　基于 OTD_Loglogistic 的海洋目标参数提取流程图

"蓝+"表示提取目标（Etarget）显示时间。图中显示每个目标提取用时约 6~9s，第一幅疑似目标是在程序运行 1s 时显示的。

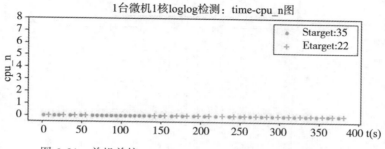

图 6.31　单机单核 OTD_Loglogistic 目标参数提取 CPU-t 图

　　采用单机多核/多机多核对图 6.19 所示的深度学习后初检的 35 个疑似目标进行基于 Loglogistic 的海洋目标参数提取，各个节点中各核 CPU 显示疑似目标（Starget）和提取目标（Etarget）的时间如图 6.32 所示。其中图 6.32（a）是单机 8 核 CPU 参与的并行计算，35 个疑似目标分配情况是 0～7 核 CPU 随机分配 4～5 个任务，最先完成任务的 CPU 用时 22s，最后完成任务的 CPU 用时约 60s。图 6.32（b）是双机 16 核 CPU 并行计算，0～15 核 CPU 随机分配 1～3 个任务，最先完成任务的 CPU 用时 3s，最后完成任务的 CPU 用时约 33s。图 6.32（c）是 3 机 24 核 CPU 并行计算，每个 CPU 随机分配任务 1～2 个，最先完成任务的 CPU 用时 7s，最后完成任务的 CPU 用时约 25s。图 6.32（d）是 4 机 32 核 CPU 并行计算，每核 CPU 随机分配任务 1～2 个，最先完成任务的 CPU 用时 2s，最后完成任务的 CPU 用时约 24s。图 6.32（e）是 5 机 40 核 CPU 并行计算，每核 CPU 随机分配 1 个任务，最先完成任务的 CPU 用时 1s，最后完成任务的 CPU 用时约 11s。图 6.32（b）～图 6.32（e）中主节点中的 CPU 显示第一幅疑似目标的时间是在程序运行第 3s 或 2s 时显示的，其他工作节点第一幅疑似目标分别是在程序运行第 2s、1s、2s、1s 或 2s 时显示的。

　　单机多核/多机多核基于 Loglogistic 的海洋目标参数并行提取各节点 CPU 任务执行状态如表 6.8 所示。其中单机 8 核 CPU 每核 CPU 用时约 54.89s，所有 CPU 用时总计 439.18s，完成任务总用时 68.40s，是单机用时的 17.58%，比单机节约用时 82.42%。5 机 40 核 CPU 组成的集群完成任务用时 18.91s，是单机用时的 4.86%，比单机节约用时 95.14%。其他集群中 CPU 执行状态如表 6.8 所示。

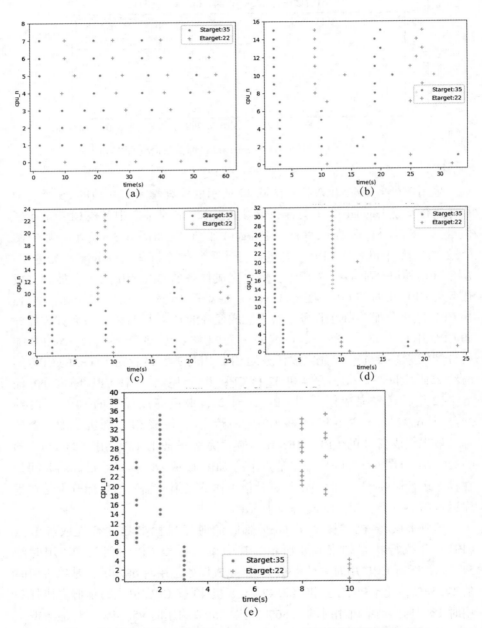

图 6.32　单机多核/多机多核 OTD_Loglogistic 目标并行提取 CPU-t 图

表6.8　　　　　　单机多核/多机多核 OTD_Loglogistic CPU 任务执行状态

类别	工作核数 job count	节点任务% % of all jobs	节点总用时(s) job time sum	每核用时(s) time per job	节点服务器 job server	总用时(s) time elapsed
单机8核 CPU	8	100	439.18	54.89	local	68.40
双机16核 CPU	8	50.00	281.72	35.21	192.168.69.93: 35000	39.08
	8	50.00	197.27	24.65	local	
3机24核 CPU	8	33.33	172.85	21.60	192.168.69.35: 35001	32.83
	8	33.33	152.16	19.02	192.168.69.93: 35000	
	8	33.33	154.15	19.26	local	
4机32核 CPU	8	25.00	103.84	12.98	192.168.69.35: 35001	31.74
	8	25.00	107.15	13.39	192.168.69.93: 35000	
	8	25.00	133.41	16.67	local	
	8	25.00	128.38	16.04	192.168.69.30: 35002	
5机40核 CPU	7	19.44	84.54	12.07	192.168.69.93: 35000	18.91
	7	19.44	93.98	13.42	192.168.69.30: 35002	
	7	19.44	93.40	13.34	192.168.69.9: 35003	
	7	19.44	75.81	10.83	192.168.69.35: 35001	
	8	22.22	109.82	13.72	local	

　　按照上述基于 Loglogistic 的海洋目标参数提取的方法和流程,对研究海域采用并行算法进行实验,实验结果如图 6.33 所示,图中绿色框是 CNN 检测的 28×28 图像中的非疑似目标,品红色框是 CNN 检测 10 次的 28×28 图像中的疑似目标,红色是检测出的目标。聚类后采用 28×28 图像中长度大于250m、小于 1500m,目标纵横比≤10 去虚警。

　　用椭圆拟合其中心坐标、长轴旋转角度等位置参数和椭圆长轴、短轴、包含像素的总数等形状参数, 拟合结果如图 6.34 所示, 图 6.35 是图 6.34 蓝色框的局部放大图。提取目标的椭圆拟合详细参数如表 6.9 所示。

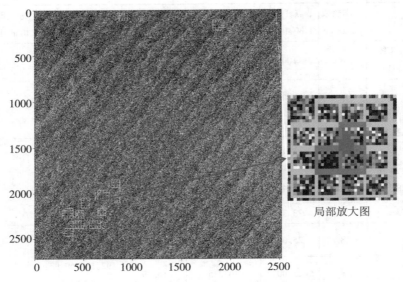

局部放大图

图 6.33　基于 OTD_Loglogistic 的海洋目标参数提取结果

表 6.9　　　　　　　　　　基于 OTD_Loglogistic 提取海洋目标的参数

行	列	旋转角度	长半轴	短半轴	像素数
65.0	902.0	0.26899999380111694	15.395000457763672	4.474999904632568	93.0
158.0	1874.0	0.029999999329447746	17.024999618530273	9.920000076293945	278.0
1888.0	813.0	0.19099999964237213	8.819999694824219	3.8350000381469727	97.0
2012.0	689.0	-0.5550000071525574	19.71500015258789	13.15999984741211	564.0
2050.0	839.0	0.19200000166893005	13.239999771118164	8.140000343322754	157.0
2102.0	524.0	-0.26100000739097595	15.399999618530273	11.380000114440918	415.0
2206.0	341.0	-0.01899999938905239	17.985000610351562	7.510000228881836	302.0
2184.0	689.0	0.008999999612569809	10.510000228881836	5.5	155.0
2206.0	341.0	-0.014000000432133675	17.989999771118164	7.514999866485596	311.0
2223.0	464.0	0.24400000274181366	15.875	8.125	200.0
2326.0	444.0	-0.08699999749660492	17.760000228881836	13.364999771118164	446.0
2330.0	612.0	0.31299999356269836	14.555000305175781	6.894999980926514	176.0
2407.0	351.0	0.13600000739097595	12.725000381469727	5.019999980926514	108.0
65.0	902.0	0.26899999380111694	15.395000457763672	4.474999904632568	93.0
158.0	1874.0	0.029999999329447746	17.024999618530273	9.920000076293945	278.0

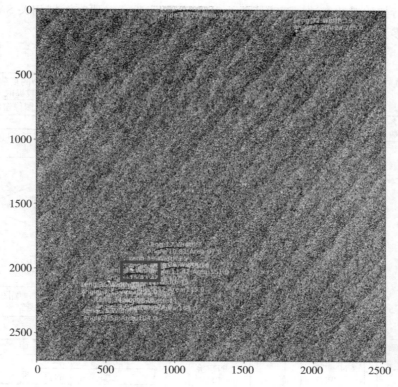

图 6.34　基于 OTD_Loglogistic 提取的目标拟合可视化

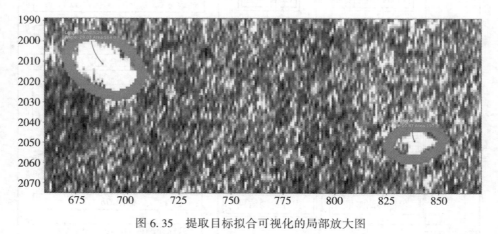

图 6.35　提取目标拟合可视化的局部放大图

6.4.5　基于伴方差修正模型复杂海况目标提取实验

基于伴方差修正模型复杂海况的海洋目标提取方法，采用本章设计的多

209

核并行架构对此方法（OTD_Sgmloglog）进行实验，对研究海域相关 SAR 影像和多光谱影像进行目标参数提取，提取流程如图 6.36 所示。

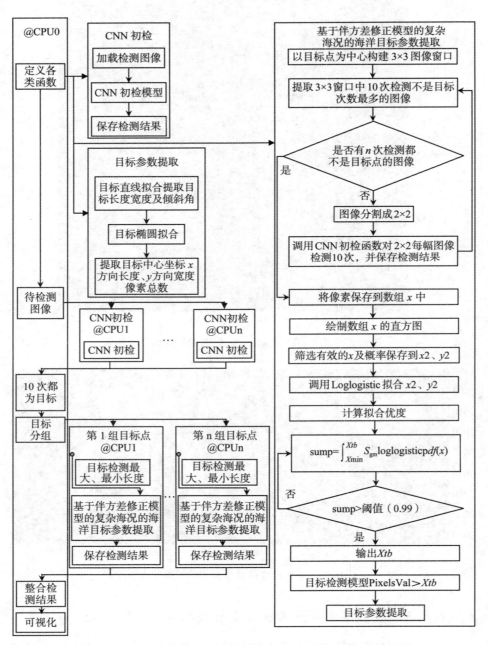

图 6.36　基于 OTD_Sgmloglog 的海洋目标参数提取流程

采用单机单核对图 6.19 所示的深度学习后初检的 35 个疑似目标进行基于伴方差修正模型的复杂海况的海洋目标参数提取，用时 389.52s，提取目标 22 个。其时间序列如图 6.37 所示，图中"红点"表示疑似目标（Starget）显示时间，"蓝+"表示提取目标（Etarget）显示时间。图中显示每个目标提取用时约 6~7s，第一幅疑似目标是在程序运行 1s 时显示的。

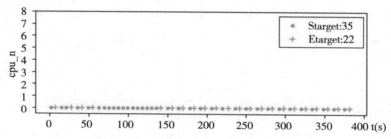

图 6.37   单机单核 OTD_Sgmloglog 复杂海况海洋目标参数提取 CPU-t 图

采用单机多核、多机多核对图 6.19 所示的深度学习后初检的 35 个疑似目标进行基于伴方差修正模型的复杂海况的海洋目标参数提取，各个节点中各核 CPU 显示疑似目标和提取目标的时间如图 6.38 所示。其中图 6.38（a）是单机 8 核 CPU 参与的并行计算，35 个疑似目标分配情况是 0~7 核 CPU 随机分配 4~5 个任务，最先完成任务的 CPU 用时 23s，最后完成任务的 CPU 用时约 60s。图 6.38（b）是双机 16 核 CPU 并行计算，0~15 核 CPU 随机分配 1~3 个任务，最先完成任务的 CPU 用时 3s，最后完成任务的 CPU 用时约 33s。图 6.38（c）是 3 机 24 核 CPU 并行计算，每核 CPU 随机分配任务 1~2 个，最先完成任务的 CPU 用时 3s，最后完成任务的 CPU 用时约 25s。图 6.38（d）是 4 机 32 核 CPU 并行计算，每核 CPU 随机分配任务 1~2 个，最先完成任务的 CPU 用时 1s，最后完成任务的 CPU 用时约 24s。图 6.38（e）是 5 机 40 核 CPU 并行计算，每核 CPU 随机分配 1 个任务，最先完成任务的 CPU 用时 1s，最后完成任务的 CPU 用时约 12s。图 6.38（b）~（e）中 0~7 核 CPU 是主节点的 CPU，其第一幅疑似目标的时间是在程序运行 3s 或 2s 时显示的，其他工作节点第一幅疑似目标分别是在程序运行 2s、1s/2s、1s/2s、1s/2s 时显示的。

单机多核/多机多核基于伴方差修正模型的复杂海况的海洋目标并行提取各节点 CPU 任务执行状态如表 6.10 所示。其中单机 8 核 CPU 每核 CPU 用时约 54.23s，所有 CPU 用时总计 433.85s，完成任务总用时 67.40s，是单

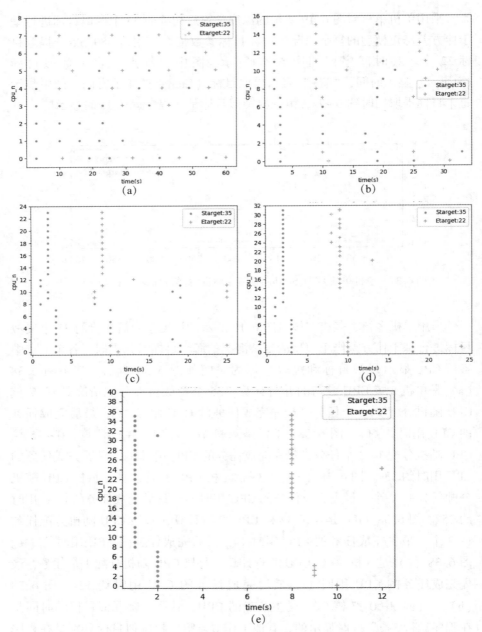

图 6.38 单机多核/多机多核 OTD_Sgmloglog 海洋目标并行提取 CPU-t 图

机用时的 17.30%，比单机节约用时 82.70%。5 机 40 核 CPU 组成的集群完成任务用时 20.17s，是单机用时的 5.18%，比单机节约用时 94.82%。其他集群中 CPU 执行状态如表 6.10 所示。

表 6.10　　单机多核/多机多核 OTD_Sgmloglog 海洋目标并行提取 CPU 任务执行状态

类别	工作核数 job count	节点任务% % of all jobs	节点总用时(s) job time sum	每核用时(s) time per job	节点服务器 job server	总用时(s) time elapsed
单机8核 CPU	8	100	433.85	54.23	local	67.40
双机16核 CPU	8	50.00	282.91	35.36	192.168.69.93: 35000	38.79
	8	50.00	195.71	24.46	local	
3机24核 CPU	8	33.33	151.49	18.93	192.168.69.93: 35000	32.97
	8	33.33	173.20	21.65	192.168.69.35: 35001	
	8	33.33	153.90	19.23	local	
4机32核 CPU	8	25.00	115.66	14.45	192.168.69.93: 35000	31.80
	8	25.00	133.37	16.67	local	
	8	25.00	107.85	13.48	192.168.69.30: 35002	
	8	25.00	114.25	14.28	192.168.69.35: 35001	
5机40核 CPU	6	16.67	74.11	12.35	192.168.69.9: 35003	20.17
	8	22.22	102.94	12.86	192.168.69.35: 35001	
	8	22.22	109.84	13.73	local	
	7	19.44	93.56	13.36	192.168.69.30: 35002	
	7	19.44	74.55	10.65	192.168.69.93: 35000	

　　采用上述基于伴方差修正模型的复杂海况的海洋目标参数提取方法（OTD_Sgmloglog）和流程，对研究海域采用并行算法进行实验，实验结果如图 6.39 所示，图中绿色框是以 CNN 检测出的疑似目标为中心构成的 3×3 九

宫格中经 CNN 检测不是疑似目标的 28×28 像素的子图像，粉红色框是 CNN 检测 10 次的 28×28 图像都是疑似目标，红色是检测出的目标。聚类后采用 28×28 图像中长度大于 250m，小于 1500m，目标纵横比≤10 去虚警。

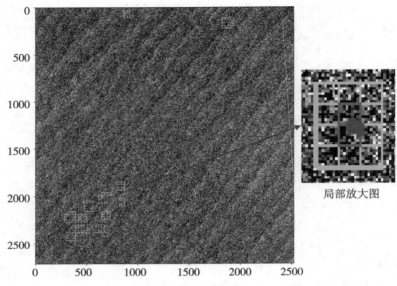

图 6.39　基于 OTD_Sgmloglog 的海洋目标参数提取结果

　　用椭圆拟合提取目标的中心坐标及长轴旋转角度等位置参数和椭圆长轴、短轴、包含像素的总数等形状参数，拟合结果如图 6.40 所示。图中方框部分的放大图如图 6.41 所示。基于 OTD_Sgmloglog 的海洋目标参数提取结果椭圆拟合的详细参数如表 6.11 所示。

表 6.11　　　　　　　　基于 OTD_Sgmloglog 提取的海洋目标参数

行	列	旋转角度	长半轴	短半轴	像素数
63.0	902.0	0.24500000476837158	13.34000015258789	3.884999990463257	78.0
158.0	1874.0	0.020999999716877937	16.049999237060547	9.944999694824219	265.0
1888.0	813.0	0.19099999964237213	8.819999694824219	3.8350000381469727	97.0
2012.0	689.0	−0.5730000138282776	19.719999313354492	12.585000038146973	550.0
2050.0	839.0	0.20200000703334808	13.239999771118164	7.449999809265137	151.0
2102.0	524.0	−0.2759999930858612	15.390000343322754	11.1850004196167	407.0
2206.0	341.0	−0.019999999552965164	17.985000610351562	7.510000228881836	295.0

续表

行	列	旋转角度	长半轴	短半轴	像素数
2184.0	689.0	0.008999999612569809	10.510000228881836	5.5	145.0
2206.0	341.0	−0.019999999552965164	17.985000610351562	7.510000228881836	295.0
2222.0	465.0	0.23999999463558197	15.385000228881836	7.875	188.0
2327.0	445.0	−0.0689999982714653	17.389999389648438	13.399999618530273	424.0
2330.0	612.0	0.34299999475479126	14.229999542236328	5.864999771118164	163.0
2407.0	351.0	0.13300000131130219	12.720000267028809	4.59499979019165	104.0

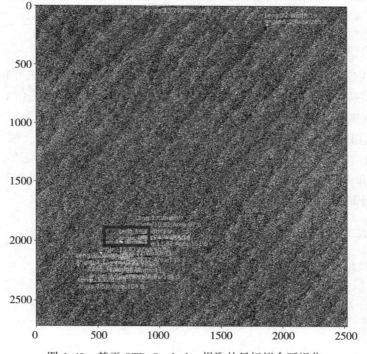

图 6.40 基于 OTD_Sgmloglog 提取的目标拟合可视化

本节分别对本章所设计的基于 CNN 初检的 CFAR 海洋目标提取方法（OTD_StErf）、卡方分布临界值海洋目标提取方法（OTD_KS2）、基于 Loglogistic 的海洋目标提取方法（OTD_Loglogistic）、基于伴方差修正模型的复杂海况海洋目标提取方法（OTD_Sgmloglog），采用单机并行和多机分布的多核并行架构进行实验，每类又分别从单机单核、单机 8 核 CPU、双机 16 核 CPU、3 机 24 核 CPU、4 机 32 核 CPU 和 5 机 40 核 CPU 六方面进行对比

图 6.41　基于 OTD_Sgmloglog 提取目标的局部放大图

实验，共包括 5 类 30 个实验。实验结果表明，本章设计的单机并行和多机分布的多核并行海洋目标提取架构是高效的，其中，单机 8 核 CPU 海洋目标并行提取平均效率是单机单核的 5.75 倍，最高 5.84 倍，最低 5.78 倍；5 机 40 核 CPU 平均效率是单机单核的 20.75 倍，最高 21.53 倍，最低 19.31 倍。利用本书设计的单机并行和多机分布的多核并行海洋目标提取架构对极化 SAR 和多光谱影像进行深度学习海洋目标提取，平均响应时间约 2s，最快响应时间是 1s，最慢响应时间是 3s。

参 考 文 献

［1］ James G, Witten D, Hastie T, et al. An Introduction to Statistical Learning ［M］. New York：Springer, 2013.

［2］ Gagliardi F. Instance-Based Classifiers Applied to Medical Databases：Diagnosis and Knowledge Extraction ［J］. Artificial intelligence in medicine, 2011, 52 （3）: 123-139.

［3］ Hastie T, Tibshirani R, Friedman J. The Elements of Statistical Learning：Data Mining, Inference and Prediction-Springer ［J］. Mathematical Intelligencer, 2005, 27 （2）: 83-85.

［4］ Geman S, Bienenstock E, Doursat R. Neural Networks and the Bias/Variance Dilemma ［J］. Neural computation, 1992, 4 （1）: 1-58.

［5］ 周志华. 机器学习 ［M］. 北京：清华大学出版社, 2016.

［6］ 郭耀华. 基于深度学习的车辆驾驶状态识别算法研究 ［D］. 北京：北京邮电大学, 2019.

［7］ 刘铁岩, 秦涛, 邵斌, 等. 机器学习未来十年：你需要把握的趋势和热点 ［EB/OL］. https：//blog. csdn. net/dqcfkyqdxym3f8rb0/article/details/83593070, 2018-10.

［8］ Schmidt M, Lipson H. Distilling Free-Form Natural Laws from Experimental Data ［J］. Science, 2009, 324 （5923）: 81-85.

［9］ Manning T, Walsh P. Automatic task decomposition for the neuroevolution of augmenting topologies （NEAT） algorithm ［C］. European Conference on Evolutionary Computation, Machine Learning and Data Mining in Bioinformatics. Springer, Berlin, Heidelberg, 2012: 1-12.

［10］ Deng L, Yu D. Deep Learning：Methods and Applications ［J］. Foundations and trends in signal processing, 2014, 7 （3-4）: 197-387.

［11］ Bengio Y. Learning Deep Architectures for AI ［M］. Now Publishers Inc, 2009.

［12］ Bengio Y, Courville A, Vincent P. Representation Learning：a Review and

New Perspectives [J]. IEEE transactions on pattern analysis and machine intelligence, 2013, 35 (8): 1798-1828.

[13] Schmidhuber J. Deep Learning in Neural Networks: an Overview [J]. Neural networks, 2015, 61: 85-117.

[14] LeCun Y, Bengio Y, Hinton G. Deep Learning [J]. Nature, 2015, 521 (7553): 436-444.

[15] Glauner P O. Deep Convolutional Neural Networks for Smile Recognition [J]. arXiv preprint arXiv: 1508. 06535, 2015.

[16] Song H A, Lee S Y. Hierarchical Representation Using NMF [J]. 2013: 466-473.

[17] Goodfellow I, Bengio Y, Courville A, et al. Deep Learning [M]. Cambridge: MIT press, 2016.

[18] Gu J, Wang Z, Kuen J, et al. Recent Advances in Convolutional Neural Networks [J]. arXiv preprint arXiv: 1512. 07108, 2015.

[19] Simonyan K, Zisserman A. Very Deep Convolutional Networks for Large-Scale Image Recognition [J]. arXiv preprint arXiv: 1409. 1556, 2014.

[20] Conneau A, Schwenk H, Barrault L, et al. Very Deep Convolutional Networks for Text Classification [J]. arXiv preprint arXiv: 1606. 01781, 2016.

[21] Girshick R, Donahue J, Darrell T, et al. Rich Feature Hierarchies for Accurate Object Detection and Semantic Segmentation [J]. 2013.

[22] Girshick R. Fast R-CNN [C]. Proceedings of the IEEE international conference on computer vision. 2015: 1440-1448.

[23] Ren S, He K, Girshick R, et al. Faster R-CNN: Towards Real-Time Object Detection with Region Proposal Networks [J]. IEEE Transactions on Pattern Analysis and Machine Intelligence, 2015, 39 (6).

[24] Kaiming H, Georgia G, Piotr D, et al. Mask R-CNN [J]. IEEE Transactions on Pattern Analysis & Machine Intelligence, 2017, 1.

[25] Lee H, Eum S, Kwon H. ME R-CNN: Multi-Expert Region-Based CNN for Object Detection [J]. IEEE Transactions on Image Processing, 2017, 99.

[26] Donahue J, Hendricks L A, Guadarrama S, et al. Long-term recurrent convolutional networks for visual recognition and description [C] // 2015 IEEE Conference on Computer Vision and Pattern Recognition (CVPR). IEEE, 2015.

[27] Peng B, Yao K. Recurrent Neural Networks with External Memory for Language Understanding [J]. 2015.

[28] Chung J, Gulcehre C, Cho K, et al. Gated Feedback Recurrent Neural Networks [C]. International conference on machine learning. 2015: 2067-2075.

[29] Zheng S, Jayasumana S, Romera-Paredes B, et al. Conditional Random Fields as Recurrent Neural Networks [C]. Proceedings of the IEEE international conference on computer vision. 2015: 1529-1537.

[30] Bradbury J, Merity S, Xiong C, et al. Quasi-Recurrent Neural Networks [J]. arXiv preprint arXiv: 1611. 01576, 2016.

[31] Shi Y, Yao K, Chen H, et al. Recurrent Support Vector Machines For Slot Tagging In Spoken Language Understanding [C] // Conference of the North American Chapter of the Association for Computational Linguistics: Human Language Technologies. 2016.

[32] Hochreiter S, Schmidhuber J. Long short-term memory [J]. Neural computation, 1997, 9 (8): 1735-1780.

[33] Greff K, Srivastava R K, Koutnik J, et al. LSTM: A Search Space Odyssey [J]. IEEE Transactions on Neural Networks and Learning Systems, 2016: 1-11.

[34] Shi Y, Yao K, Tian L, et al. Deep LSTM based Feature Mapping for Query Classification [C] // Conference of the North American Chapter of the Association for Computational Linguistics: Human Language Technologies. 2016.

[35] Cooijmans T, Ballas N, Laurent C, et al. Recurrent Batch Normalization [J]. arXiv preprint arXiv: 1603. 09025, 2016.

[36] Van den Oord A, Kalchbrenner N, Espeholt L, et al. Conditional image generation with pixelcnn decoders [C] //Advances in Neural Information Processing Systems. Barcelona: [s. n.], 2016: 4790-4798.

[37] Shabanian S, Arpit D, Trischler A, et al. Variational Bi-Lstms Turchetti C [J]. arXiv preprint arXiv: 1711. 05717, 2017.

[38] Srivastava R K, Greff K, Schmidhuber J. Highway Networks [J]. arXiv preprint arXiv: 1505. 00387, 2015.

[39] Zilly J G, Srivastava R K, Koutnik J, et al. Recurrent Highway Networks [C]. International Conference on Machine Learning. PMLR, 2017: 4189-

4198.

[40] Zhang Y, Chen G, Yu D, et al. Highway long short-term memory RNNS for distant speech recognition [C] // 2016 IEEE International Conference on Acoustics, Speech and Signal Processing (ICASSP). IEEE, 2016.

[41] Bourlard H, Kamp Y. Auto-association by multilayer perceptrons and singular value decomposition [J]. Biological Cybernetics, 1988, 59 (4-5): 291-294.

[42] Ranzato M, Poultney C, Chopra S, et al. Efficient learning of sparse representations with an energy-based model [C] // Advances in Neural Information Processing Systems (NIPS 2006). 2007: 1137-1144.

[43] Doersch C. Tutorial on Variational Autoencoders [J]. arXiv preprint arXiv: 1606.05908, 2016.

[44] Vincent P, Larochelle H, Bengio Y, et al. Extracting and Composing Robust Features with Denoising Autoencoders [C]. Proceedings of the 25th International Conference on Machine Learning. 2008: 1096-1103.

[45] 邱锡鹏. 神经网络与深度学习 [M]. 北京: 机械工业出版社, 2020.

[46] Hinton G, Salakhutdinov R. Discovering Binary Codes for Documents by Learning Deep Generative Models [J]. Topics in Cognitive Science, 2011, 3 (1): 74-91.

[47] Goodfellow I J, Jean P A, Mehdi M, et al. Generative Adversarial Networks [J]. Computer Science, 2014.

[48] Mao X, Li Q, Xie H, et al. Multi-class Generative Adversarial Networks with the L2 Loss Function [J]. 2016.

[49] Park N, Anand A, Kim Y, et al. MMGAN: Manifold Matching Generative Adversarial Network for Generating Images [J]. 2017.

[50] Salimans T, Goodfellow I, Zaremba W, et al. Improved Techniques for TrainingGANs [J]. arXiv, 2016.

[51] Denton E, Soumith C, Arthur S, et al. Deep Generative Image Models Using a Laplacian Pyramid of Adversarial Networks [J]. Computer Science, 2015.

[52] Ranzato M, Susskind J, Mnih V, et al. On deep generative models with applications to recognition [C] // Computer Vision & Pattern Recognition. IEEE, 2012.

[53] Kumar A, Irsoy O, Ondruska P, et al. Ask Me Anything: Dynamic

Memory Networks for Natural Language Processing [C]. International Conference on Machine Learning. PMLR, 2016: 1378-1387.

[54] Kaiser U, Sutskever I. Neural GPUs Learn Algorithms [J]. Computer Science, 2015.

[55] Karol K, Marcin A, Ilya S. Neural Random-Access Machines [J]. Computer Science, 2015.

[56] Neelakantan A, Le Q V, Sutskever I. Neural Programmer: Inducing Latent Programs with Gradient Descent [J]. arXiv preprint arXiv: 1511.04834, 2015.

[57] Reed S, De Freitas N. Neural Programmer-Interpreters [J]. arXiv preprint arXiv: 1511.06279, 2015.

[58] Zhang S X, Liu C, Yao K, et al. Deep Neural Support Vector Machines for Speech Recognition [C]. 2015 IEEE International Conference on Acoustics, Speech and Signal Processing (ICASSP) . IEEE, 2015: 4275-4279.

[59] Ha D, Dai A, Le Q V. HyperNetworks [J]. arXiv preprint arXiv: 1609.09106, 2016.

[60] Deutsch L. Generating Neural Networks with Neural Networks [J]. arXiv preprint arXiv: 1801.01952, 2018.

[61] Larsson G, Maire M, Shakhnarovich G. Fractalnet: Ultra-Deep Neural Networks without Residuals [J]. arXiv preprint arXiv: 1605.07648, 2016.

[62] Vinyals O, Fortunato M, Jaitly N. Pointer networks [J]. Advances in neural information processing systems, 2015, 28: 2692-2700.

[63] Lample G, Zeghidour N, Usunier N, et al. Fader Networks: Manipulating Images by Sliding Attributes [C]. Advances in neural information processing systems. 2017: 5967-5976.

[64] Oord A, Dieleman S, Zen H, et al. Wavenet: A Generative Model for Raw Audio [J]. arXiv preprint arXiv: 1609.03499, 2016.

[65] Rethage D, Pons J, Serra X. A Wavenet for Speech Denoising [C]. 2018 IEEE International Conference on Acoustics, Speech and Signal Processing (ICASSP). IEEE, 2018: 5069-5073.

[66] He K, Zhang X, Ren S, et al. Deep Residual Learning for Image Recognition [C]. Proceedings of the IEEE Conference on Computer Vision

and Pattern Recognition. 2016：770-778.

［67］ Huang G，Liu Z，Van Der Maaten L，et al. Densely Connected Convolutional Networks［C］. Proceedings of the IEEE Conference on Computer Vision and Pattern Recognition. 2017：4700-4708.

［68］ 黄良辉，康祖超，张昌凡，等. 基于轻量级卷积神经网络的人脸识别方法［J］. 湖南工业大学学报，2019，33（02）：43-47.

［69］ 黄跃珍，王乃洲，梁添才，等. 基于改进型 Mobile Net 网络的车型识别方法［J］. 电子技术与软件工程，2019（1）：22-24.

［70］ 李富豪，赵希梅. 基于 D-Unet 神经网络的鼻腔鼻窦肿瘤分割［J/OL］. 计算机工程：1-9［2021-01-26］. https：//doi. org/10. 19678/j. issn. 1000-3428. 0060120.

［71］ Prabhakar K R，Srikar V S，Babu R V. DeepFuse：A Deep Unsupervised Approach for Exposure Fusion with Extreme Exposure Image Pairs［C］. ICCV. 2017，1（2）：3.

［72］ Balakrishnan G，Zhao A，Sabuncu M R，et al. An Unsupervised Learning Model for Deformable Medical Image Registration［C］. Proceedings of the IEEE conference on computer vision and pattern recognition. 2018：9252-9260.

［73］ Qin C，Shi B，Liao R，et al. Unsupervised Deformable Registration for Multi-Modal Images Via Disentangled Representations［C］. International Conference on Information Processing in Medical Imaging. Springer，Cham，2019：249-261.

［74］ Mahapatra D，Ge Z. Training Data Independent Image Registration using Generative Adversarial Networks and Domain Adaptation［J］. Pattern Recognition，2020，100：107109.

［75］ Li Y. Deep Reinforcement Learning：An Overview［J］. arXiv preprint arXiv：1701. 07274，2017.

［76］ Mnih V，Badia A P，Mirza M，et al. Asynchronous Methods for Deep Reinforcement Learning［C］. International conference on machine learning. 2016：1928-1937.

［77］ Van Hasselt H，Guez A，Silver D. Deep Reinforcement Learning with Double Q-Learning［C］. Proceedings of the AAAI conference on artificial intelligence. 2016，30（1）.

［78］ Zhao X，Xia L，Zhang L，et al. Deep Reinforcement Learning for Page-

Wise Recommendations［C］. Proceedings of the 12th ACM Conference on Recommender Systems. 2018：95-103.

［79］ Berner C, Brockman G, Chan B, et al. Dota 2 with Large Scale Deep Reinforcement Learning［J］. arXiv preprint arXiv：1912. 06680, 2019.

［80］ 朱国晖, 李庆, 梁申麟. 基于深度强化学习的服务功能链跨域映射算法［J/OL］. 计算机应用研究, 2020.

［81］ Turchetti C. Stochastic Models of Neural Networks［M］. IOS Press, 2004.

［82］ Ciregan D, Meier U, Schmidhuber J. Multi-Column Deep Neural Networks for Image Classification［C］. 2012 IEEE Conference on Computer Vision and Pattern Recognition. IEEE, 2012：3642-3649.

［83］ Broomhead D S, Lowe D. Radial basis functions, multi-variable functional interpolation and adaptive networks［R］. Royal Signals and Radar Establishment Malvern（United Kingdom）, 1988.

［84］ Graves A, Wayne G, Danihelka I. Neural Turing Machines［J］. arXiv preprint arXiv：1410. 5401, 2014.

［85］ Liang M, Hu X. Recurrent Convolutional Neural Network for Object Recognition［C］. Proceedings of the IEEE conference on computer vision and pattern recognition. 2015：3367-3375.

［86］ Kim Y, Jernite Y, Sontag D, et al. Character-Aware Neural Language Models［C］. Proceedings of the AAAI conference on artificial intelligence. 2016, 30（1）：2741-2749.

［87］ Pollack J B. Recursive Distributed Representations［J］. Artificial Intelligence, 1990, 46（1-2）：77-105.

［88］ Li P, Liu Y, Sun M. Recursive Autoencoders for ITG-Based Translation［C］. Proceedings of the 2013 Conference on Empirical Methods in Natural Language Processing. 2013：567-577.

［89］ Cambria E, Huang G B, Kasun L L C, et al. Extreme Learning Machines［trends & controversies］［J］. IEEE Intelligent Systems, 2013, 28（6）：30-59.

［90］ Huang G B, Zhu Q Y, Siew C K. Extreme Learning Machine：Theory and Applications［J］. Neurocomputing, 2006, 70（1-3）：489-501.

［91］ Kasun L L C, Zhou H, Huang G B, et al. Representational Learning with ELMs for Big Data［J］. 2013.

［92］ Tang J, Deng C, Huang G B. Extreme Learning Machine for Multilayer

Perceptron [J]. IEEE Transactions on Neural Networks and Learning Systems, 2015, 27 (4): 809-821.

[93] Huang G, Song S, Gupta J N D, et al. Semi-Supervised and Unsupervised Extreme Learning Machines [J]. IEEE Transactions on Cybernetics, 2014, 44 (12): 2405-2417.

[94] Maass W, Natschläger T, Markram H. Real-time computing without stable states: A new framework for neural computation based on perturbations [J]. Neural computation, 2002, 14 (11): 2531-2560.

[95] Hinton G E, Sejnowski T J. Learning and Relearning in Boltzmann Machines [J]. Parallel Distributed Processing: Explorations in the Microstructure of Cognition, 1986, 1 (282-317): 2.

[96] Kohonen T. Self-Organized Formation of Topologically Correct Feature Maps [J]. Biological Cybernetics, 1982, 43 (1): 59-69.

[97] Zhang W. Shift-Invariant Pattern Recognition Neural Network and Its Optical Architecture [C]. Proceedings of Annual Conference of the Japan Society of Applied Physics. 1988.

[98] Scherer D, Müller A, Behnke S. Evaluation of Pooling Operations in Convolutional Architectures for Object Recognition [C]. International Conference on Artificial Neural Networks. Springer, Berlin, Heidelberg, 2010: 92-101.

[99] Hinton G E, Srivastava N, Krizhevsky A, et al. Improving Neural Networks by Preventing Co-Adaptation of Feature Detectors [J]. arXiv preprint arXiv: 1207.0580, 2012.

[100] Ioffe S, Szegedy C. Batch Normalization: Accelerating Deep Network Training by Reducing Internal Covariate Shift [C]. International Conference on Machine Learning. PMLR, 2015: 448-456.

[101] Ioffe S. Batch Renormalization: Towards Reducing Minibatch Dependence in Batch-Normalized Models [J]. arXiv preprint arXiv: 1702.03275, 2017.

[102] Ba J L, Kiros J R, Hinton G E. Layer Normalization [J]. arXiv preprint arXiv: 1607.06450, 2016.

[103] Srivastava N, Hinton G, Krizhevsky A, et al. Dropout: a Simple Way to Prevent Neural Networks from Overfitting [J]. The Journal of Machine Learning Research, 2014, 15 (1): 1929-1958.

[104] Carlos E. Perez. A Pattern Language for Deep Learning [EB/OL]. http：//www. deeplearningpatterns. com. 2018.

[105] Goodfellow I, Warde-Farley D, Mirza M, et al. Maxout Networks [C]. International Conference on Machine Learning. PMLR, 2013：1319-1327.

[106] Krueger D, Maharaj T, Kramár J, et al. Zoneout：Regularizing RNNs by Randomly Preserving Hidden Activations [J]. arXiv preprint arXiv：1606. 01305, 2016.

[107] Wan L, Zeiler M, Zhang S, et al. Regularization of Neural Networks using DropConnect [C]. International conference on machine learning. PMLR, 2013：1058-1066.

[108] Tompson J, Goroshin R, Jain A, et al. Efficient Object Localization using Convolutional Networks [C]. Proceedings of the IEEE Conference on Computer Vision and Pattern Recognition. 2015：648-656.

[109] Zeiler M D, Fergus R. Stochastic Pooling for Regularization of Deep Convolutional Neural Networks [J]. arXiv preprint arXiv：1301. 3557, 2013.

[110] Simard P Y, Steinkraus D, Platt J C. Best Practices for Convolutional Neural Networks Applied to Visual Document Analysis [C]. Icdar. 2003.

[111] 吴晓富, 史璐璐, 张索非. 一种基于卷积神经网络随机池化的图像分类方法 [P]. 中国专利：2018103919213.

[112] He K, Zhang X, Ren S, et al. Spatial Pyramid Pooling in Deep Convolutional Networks for Visual Recognition [J]. IEEE Transactions on Pattern Analysis and Machine Intelligence, 2015, 37 (9)：1904-1916.

[113] Maitra D S, Bhattacharya U, Parui S K. CNN Based Common Approach to Handwritten Character Recognition of Multiple Scripts [C]. 2015 13th International Conference on Document Analysis and Recognition (ICDAR). IEEE, 2015：1021-1025.

[114] Convolutional Neural Networks (LeNet) [EB/OL]. https：//web. archive. org/web/20171228091645/http：//deeplearning. net/tutorial/lenet. html, 2013.

[115] Convolutional Neural Network [EB/OL]. http：//ufldl. stanford. edu/tutorial/supervised/ConvolutionalNeuralNetwork/.

[116] Zeiler M D, Fergus R. Visualizing and Understanding Convolutional Networks [C]. European Conference on Computer vision. Springer,

Cham, 2014: 818-833.

[117] LeCun Y, Bengio Y. Convolutional Networks for Images, Speech, and Time Series [J]. The handbook of brain theory and neural networks, 1995, 3361 (10): 1995.

[118] Bartunov S, Santoro A, Richards B A, et al. Assessing the Scalability of Biologically-Motivated Deep Learning Algorithms and Architectures [J]. arXiv preprint arXiv: 1807.04587, 2018.

[119] Convolutional Neural Networks for VisualRecognition [EB/OL]. https://cs231n.github.io/convolutional-networks/, 2017.

[120] Krizhevsky A, Sutskever I, Hinton G E. Imagenet Classification with Deep Convolutional Neural Networks [J]. Advances in Neural Information Processing Systems, 2012, 25: 1097-1105.

[121] Habibi Aghdam H, Jahani Heravi E. Guide to Convolutional Neural Networks: A Practical Application to Traffic-Sign Detection and Classification [M]. Springer Publishing Company, Incorporated, 2017.

[122] Ciresan D C, Meier U, Masci J, et al. Flexible, High Performance Convolutional Neural Networks for Image Classification [C]. Twenty-Second International Joint Conference on Artificial Intelligence. 2011.

[123] Mittal S. A Survey of FPGA-Based Accelerators for Convolutional Neural Networks [J]. Neural Computing and Applications, 2020, 32 (4): 1109-1139.

[124] LeCun Y. LeNet-5, Convolutional Neural Networks [J]. URL: http://yann.Lecun.com/exdb/lenet, 2015, 20 (5): 14.

[125] LeCun Y, Boser B, Denker J S, et al. Backpropagation Applied to Handwritten Zip Code Recognition [J]. Neural Computation, 1989, 1 (4): 541-551.

[126] LeCun Y, Bottou L, Bengio Y, et al. Gradient-Based Learning Applied to Document Recognition [J]. Proceedings of the IEEE, 1998, 86 (11): 2278-2324.

[127] Szegedy C, Liu W, Jia Y, et al. Going Deeper with Convolutions [J]. 2014.

[128] Iandola F N, Han S, Moskewicz M W, et al. SqueezeNet: AlexNet-Level Accuracy with 50x Fewer Parameters and < 0.5 MB Model Size [J]. arXiv preprint arXiv: 1602.07360, 2016.

［129］Dai J, Qi H, Xiong Y, et al. Deformable Convolutional Networks［C］. Proceedings of the IEEE International Conference on Computer Vision. 2017: 764-773.

［130］Redmon J, Divvala S, Girshick R, et al. You Only Look Once: Unified, Real-Time Object Detection［J］. arXiv preprint arXiv: 1506. 02640, 2015.

［131］Gehring J, Auli M, Grangier D, et al. Convolutional Sequence to Sequence Learning［C］. International Conference on Machine Learning. PMLR, 2017: 1243-1252.

［132］Bansal A, Chen X, Russell B, et al. Pixelnet: Representation of the Pixels, by the Pixels, and for the Pixels［J］. arXiv preprint arXiv: 1702. 06506, 2017.

［133］Khan A, Sohail A, Zahoora U, et al. A Survey of the Recent Architectures of Deep Convolutional Neural Networks［J］. Artificial Intelligence Review, 2020, 53（8）: 5455-5516.

［134］Csáji B C. Approximation with Artificial Neural Networks［J］. Faculty of Sciences, Etvs Lornd University, Hungary, 2001, 24（48）: 7.

［135］Delalleau O, Bengio Y. Shallow vs. Deep Sum-Product Networks［J］. Advances in Neural Information Processing Systems, 2011, 24: 666-674.

［136］Lu Z, Pu H, Wang F, et al. The Expressive Power of Neural Networks: A View from the Width［J］. arXiv preprint arXiv: 1709. 02540, 2017.

［137］Hanin B, Sellke M. Approximating Continuous Functions by Relu Nets of Minimal Width［J］. arXiv preprint arXiv: 1710. 11278, 2017.

［138］Deng J, Berg A, Satheesh S, et al. Imagenet Large Scale Visual Recognition Competition［J］. ilsvrc2012, 2012.

［139］Russakovsky O, Deng J, Su H, et al. Imagenet Large Scale Visual Recognition Challenge［J］. International journal of computer vision, 2015, 115（3）: 211-252.

［140］Review T. The Face Detection Algorithm Set to Revolutionise Image Search［J］. 2015.

［141］Baccouche M, Mamalet F, Wolf C, et al. Sequential Deep Learning for Human Action Recognition［C］. International Workshop on Human Behavior Understanding. Springer, Berlin, Heidelberg, 2011: 29-39.

［142］Ji S, Xu W, Yang M, et al. 3D Convolutional Neural Networks for Human

Action Recognition ［J］. IEEE Transactions on Pattern Analysis and Machine Intelligence, 2012, 35 （1）: 221-231.

［143］ Huang J, Zhou W, Zhang Q, et al. Video-Based Sign Language Recognition without Temporal Segmentation ［C］. Proceedings of the AAAI Conference on Artificial Intelligence. 2018, 32 （1）.

［144］ Karpathy A, Toderici G, Shetty S, et al. Large-Scale Video Classification with Convolutional Neural Networks ［C］. Proceedings of the IEEE Conference on Computer Vision and Pattern Recognition. 2014: 1725-1732.

［145］ Wang L, Duan X, Zhang Q, et al. Segment-Tube: Spatio-Temporal Action Localization in Untrimmed Videos with Per-Frame Segmentation ［J］. Sensors, 2018, 18 （5）: 1657.

［146］ Duan X, Wang L, Zhai C, et al. Joint Spatio-Temporal Action Localization in Untrimmed Videos with Per-Frame Segmentation ［C］. 2018 25th IEEE International Conference on Image Processing （ICIP）. IEEE, 2018: 918-922.

［147］ Le Q V, Zou W Y, Yeung S Y, et al. Learning Hierarchical Invariant Spatio-Temporal Features for Action Recognition with Independent Subspace Analysis ［C］. CVPR 2011. IEEE, 2011: 3361-3368.

［148］ Grefenstette E, Blunsom P, De Freitas N, et al. A Deep Architecture for Semantic Parsing ［J］. arXiv preprint arXiv: 1404. 7296, 2014.

［149］ Shen Y, He X, Gao J, et al. Learning Semantic Representations Using Convolutional Neural Networks for Web Search ［C］. Proceedings of the 23rd International Conference on World Wide Web. 2014: 373-374.

［150］ Kalchbrenner N, Grefenstette E, Blunsom P. A Convolutional Neural Network for Modelling Sentences ［J］. arXiv preprint arXiv: 1404. 2188, 2014.

［151］ Kim Y. Convolutional neural networks for sentenceclassification ［J］. arXiv preprint, 2014.

［152］ Collobert R, Weston J. A Unified Architecture for Natural Language Processing: Deep Neural Networks with Multitask Learning ［C］. Proceedings of the 25th international conference on Machine learning. 2008: 160-167.

［153］ Chellapilla K, Fogel D B. Evolving an Expert Checkers Playing Program without Using Human Expertise [J]. IEEE Transactions on Evolutionary Computation, 2001, 5 (4): 422-428.

[154] GoClark C, Storkey A. Teaching Deep Convolutional Neural Networks to Play Go [J]. arXiv preprint arXiv: 1412.3409, 2014.

[155] Silver D, Schrittwieser J, Simonyan K, et al. Mastering the Game of Go without Human Knowledge [J]. Nature, 2017, 550 (7676): 354-359.

[156] Wu Z, Pan S, Chen F, et al. A Comprehensive Survey on Graph Neural Networks [J]. IEEE Transactions on Neural Networks and Learning Systems, 2020.

[157] Graph Neural Network. https://blog.csdn.net/r1254/article/details/88343349.

[158] Holmes W R, Park J S, Levchenko A, et al. A Mathematical Model Coupling Polarity Signaling to Cell Adhesion Explains Diverse Cell Migration Patterns [J]. PLoS Computational Biology, 2017, 13 (5): e1005524.

[159] Li C, Welling M, Zhu J, et al. Graphical Generative Adversarial Networks [J]. arXiv preprint arXiv: 1804.03429, 2018.

[160] 肖庭忠, 刘琳岚, 付峥. 基于时空图的机会网络关键节点评估 [J]. 信息通信, 2019 (09): 77-81.

[161] 图神经网络总结 [EB/OL]. https://blog.csdn.net/r1254/article/details/88343349.

[162] Kipf T N, Welling M. Semi-Supervised Classification with Graph Convolutional Networks [J]. arXiv preprint arXiv: 1609.02907, 2016.

[163] Bello I, Zoph B, Vaswani A, et al. Attention Augmented Convolutional Networks [C]. Proceedings of the IEEE/CVF International Conference on Computer Vision. 2019: 3286-3295.

[164] Veličković P, Cucurull G, Casanova A, et al. Graph Attention Networks [J]. arXiv preprint arXiv: 1710.10903, 2017.

[165] Busbridge D, Sherburn D, Cavallo P, et al. Relational Graph Attention Networks [J]. arXiv preprint arXiv: 1904.05811, 2019.

[166] Vaswani A, Shazeer N, Parmar N, et al. Attention Is All You Need [J]. arXiv preprint arXiv: 1706.03762, 2017.

[167] 龙梦启. 极化 SAR 船海目标特性分析与船只检测方法研究 [D]. 合肥: 合肥工业大学, 2015.

［168］ Armando Marino. A Notch Filter for Ship Detection with Polarimetric SAR Data ［J］ IEEE Journal of Selected Topies in Applied Earth Observations and Remote Sensing. 2013. 6（3）：1219-1232.

［169］ Gambardella A, Nunziata F, Migliaccio M. A Physical Full-Resolution SAR Ship Detection Filter ［J］. IEEE Transactions on Gieoscience and Remote SensingLetters, 2008, 5（4）：760-763.

［170］ Vachon P W, Campbell J w M, Bjcrkelund C A, et al. Ship Detection by the RADARSAT SAR：Validationt of Detection Model Predictions ［J］. Canadian Journal of Remote Sensing, 1997, 23（1）：48-59.

［171］ Vachon P W, Thomas S J, Cranton J, et al. Validation of Ship Detection by the RADARSAT Synthetic Aperture Radar and the Ocean Monitoring Workstation ［J］. Canadian Journal of Remote Sensing, 2000, 26（3）：200-212.

［172］ Wackerman C C, Friedman K S, Pichel W G, et al. Automatic Detection of Ships in RADARSAT-1 SAR Imagery ［J］. Canadian Journal of Remote Sensing, 2001, 27（5）：568-577.

［173］ 都期望. 基于 MPEG-7 标准的海上移动目标分类方法研究 ［D］. 大连：大连海事大学，2016.

［174］ 常兴华. 基于无人机红外遥感图像的海上目标识别系统设计及其应用 ［D］. 沈阳：东北大学，2013.

［175］ 许开宇. 基于红外图像的运动船舶检测及跟踪技术的研究 ［D］. 上海：上海海事大学，2006.

［176］ 宗成阁，国磊. 基于 BP 神经网络的海上目标检测 ［J］. 东南大学学报（自然科学版），2006（S1）：62-65.

［177］ 周奇. 基于多特征的轮船运动目标跟踪及轨迹获取方法 ［D］. 北京：北方工业大学，2018.

［178］ 夏鲁瑞，李纪莲，张占月. 基于视频卫星图像的海上目标实时检测方法 ［J］. 光学与光电技术，2018, 16（03）：35-39.

［179］ Zakhvatkina N Y, Alexandrov V Y, Johannessen O M, et al. Classification of Sea Ice Types in ENVISAT Synthetic Aperture Radar Images ［J］. IEEE Transactions on Geoscience and Remote Sensing, 2013, 51（5）：2587-2600.

［180］ 张伊辉. 水面无人艇视觉目标图像识别技术研究 ［D］. 哈尔滨：哈尔滨工程大学，2015.

［181］ 马琪．海杂波背景下的弱小目标检测算法研究［D］．西安：西安电子科技大学，2013．

［182］ 衣春雷．基于混沌理论的高频雷达海浪回波特性研究［D］．哈尔滨：哈尔滨工业大学，2012．

［183］ 李正周，陈静，沈美容，侯倩，丁浩，金钢．基于混沌神经网络的海上目标图像的海杂波抑制方法［J］．光电子．激光，2014，25（03）：588-594．

［184］ 赵福立．基于 RBF 海杂波微弱目标的检测与提取［D］．长春：吉林大学，2013．

［185］ Chen Y, Lin Z, Zhao X, et al. Deep Learning-Based Classification of Hyperspectral Data［J］. IEEE Journal of Selected Topics in Applied Earth Observations and Remote Sensing, 2014, 7（6）：2094-2107.

［186］ Chen Y, Zhao X, Jia X. Spectral-Spatial Classification of Hyperspectral Data Based on Deep Belief Network［J］. IEEE Journal of Selected Topics in Applied Earth Observations and Remote Sensing, 2015, 8（6）：1-12.

［187］ Zhang F, Du B, Zhang L. Scene Classification via a Gradient Boosting Random Convolutional Network Framework［J］. IEEE Transactions on Geoscience and Remote Sensing, 2015, 54（3）：1-10.

［188］ 房正正．基于 CNN 的遥感图像分类与检测方法的研究［D］．北京：北京化工大学，2017．

［189］ 徐鹏．基于 CNN 的 SAR 舰船检测及其在移动终端的应用［D］．开封：河南大学，2017．

［190］ 李洁．基于 CFAR 与深度学习的 SAR 图像舰船目标检测研究［D］．青岛：山东科技大学，2017．

［191］ 李健伟，曲长文，彭书娟，邓兵．基于卷积神经网络的 SAR 图像舰船目标检测［J］．系统工程与电子技术，2018，40（09）：1953-1959．

［192］ 苏宁远，陈小龙，关键，牟效乾，刘宁波．基于卷积神经网络的海上微动目标检测与分类方法［J］．雷达学报，2018，7（05）：565-574．

［193］ 胡炎，单子力，高峰．基于 Faster-RCNN 和多分辨率 SAR 的海上舰船目标检测［J］．无线电工程，2018，48（02）：96-100．

［194］ 韩良良．海上目标稳像及检测技术研究［D］．哈尔滨：哈尔滨工程大学，2018．

[195] 周瑶. 基于深度学习的舰船目标检测与识别 [D]. 哈尔滨：哈尔滨工程大学, 2018.

[196] 熊咏平, 丁胜, 邓春华, 方国康, 龚锐. 基于深度学习的复杂气象条件下海上船只检测 [J]. 计算机应用, 2018, 38（12）：3631-3637.

[197] 曲长文, 刘晨, 周强, 李智, 李健伟. 基于CNN的SAR图像舰船目标检测算法 [J]. 火力与指挥控制, 2019, 44（01）：40-44.

[198] 方梦梁, 黄刚. 一种光学遥感图像船舶目标检测技术 [J/OL]. 计算机技术与发展, 2019（08）：1-6.

[199] 袁明新, 张丽民, 朱友帅, 姜烽, 申燚. 基于深度学习方法的海上舰船目标检测 [J]. 舰船科学技术, 2019, 41（01）：111-115.

[200] 郭睿. 极化SAR处理中若干问题的研究 [D]. 西安：西安电子科技大学, 2012.

[201] Ian G. Cumming, Frank H. Won. 合成孔径雷达成像——算法与实现 [M]. 洪文, 胡东辉, 等译. 北京：电子工业出版社, 2007.

[202] 韩昭颖. 多极化合成孔径雷达图像目标检测研究 [D]. 北京：中国科学院研究生院（电子学研究所）, 2005.

[203] Werninghaus R, Balzer W, Buckreuss S et al. The Terra SAR-X-mission [C]. EUSAR, 2004：49-52.

[204] Dreuillet P, Paillou P, Cantalloube H et al. P Band Data Collectionand Investigations Utilizing the RAMSES SAR Facility [C], IGARSS, 2003：4262-4264.

[205] Goyal P, Dollár P, Girshick R, et al. Accurate, Large Minibatch SGD：Training Imagenet in 1 Hour [J]. arXiv preprint arXiv：1706.02677, 2017.

[206] 苏文. 蒙特卡洛多目标跟踪算法的并行化设计与实现 [D]. 西安：西安电子科技大学, 2017.

[207] 曾婷. 视频序列中运动目标轮廓提取的并行算法研究 [D]. 武汉：华中师范大学, 2017.

[208] 凌滨, 邓艳, 于士博. CUDA并行加速的稀疏PCNN运动目标检测算法 [J]. 计算机工程与设计, 2016, 37（12）：3300-3305+3315.

[209] 楼先濠, 郭春生, 宋少雷, 等. 基于CUDA的视频运动目标检测算法并行实现 [J]. 杭州电子科技大学学报（自然科学版）, 2016, 36（03）：23-26+35.

［210］楼先濠．约束能量优化的视频运动目标检测及并行实现［D］．杭州：杭州电子科技大学，2016.

［211］张帆．海上光学遥感图像目标识别与 GPU 并行加速［D］．北京：中国科学院长春光学精密机械与物理研究所，2017.

［212］尤伟．高光谱遥感目标检测并行处理方法研究［D］．哈尔滨：哈尔滨工程大学，2016.

［213］李腾．面向运动目标检测与识别应用的机器学习算法及其并行优化研究［D］．长沙：中国人民解放军国防科技大学，2015.

［214］秦栋．复杂环境下运动目标检测的并行算法研究与实现［D］．合肥：安徽大学，2015.

［215］贺维维．天基光学目标检测及并行化处理关键技术研究［D］．长沙：中国人民解放军国防科技大学，2014.

［216］彭彪，张重阳，郑世宝，田广．运动目标检测与特征提取算法的多层次并行优化［J］．电视技术，2014，38（13）：173-177.

［217］叶琛．SAR 图像变化检测并行处理研究［D］．杭州：杭州电子科技大学，2014.

［218］李利民．SAR 图像目标检测的并行处理研究［D］．哈尔滨：哈尔滨工业大学，2010.

［219］曹治国，左峥嵘，桑农，张天序．红外海面小目标检测的并行实现技术［J］．华中科技大学学报，2001（12）：52-54.

233